丰盈人生

活出你的极致

[美] Marshall Goldsmith　Mark Reiter　著
　　　马歇尔·古德史密斯　马克·莱特尔

王漫　译

Lose Regret，Choose Fulfillment

机械工业出版社
CHINA MACHINE PRESS

你是否忙着扮演生活中的不同角色，为各种目标的实现而努力奋斗，却每当静下心来反思自己的生活时总会觉得人生有遗憾？你是否明明知道这样的生活不是你想要的，但苦于生计、被各种责任和义务所限制，而不得不继续挣扎和努力前行？本书作者基于其数十年的教练经验，通过数十名全球著名领导者的咨询案例，为我们提供了一条活出丰盈人生的路径，指导我们放手去寻找有意义的人生，活出无怨无悔的自我。本书提供的"丰盈人生"练习，会一步步指导我们进行深刻的自我探索，克服各种阻碍，不断迭代自我，活出精彩和满足的人生。

The Earned Life：Lose Regret，Choose Fulfillment

ISBN：9780593237274

Copyright © Marshall Goldsmith，Mark Reiter，2022

This translation published by arrangement with Currency，an imprint of the Crown Publishing Group，a division of Penguin Random House LLC.

北京市版权局著作权合同登记　图字：01-2022-4551号。

图书在版编目（CIP）数据

丰盈人生：活出你的极致／（美）马歇尔·古德史密斯（Marshall Goldsmith），（美）马克·莱特尔（Mark Reiter）著；王漫译. —北京：机械工业出版社，2023.6

书名原文：The Earned Life：Lose Regret，Choose Fulfillment

ISBN 978-7-111-73127-6

Ⅰ．①丰⋯　Ⅱ．①马⋯ ②马⋯ ③王⋯　Ⅲ．①人生哲学-通俗读物　Ⅳ．①B821-49

中国国家版本馆 CIP 数据核字（2023）第 090973 号

机械工业出版社（北京市百万庄大街22号　邮政编码100037）

策划编辑：坚喜斌　　　责任编辑：坚喜斌　陈　洁
责任校对：张爱妮　张　薇　责任印制：刘　媛

涿州市京南印刷厂印刷

2023 年 7 月第 1 版第 1 次印刷

145mm×210mm · 9.125 印张 · 3 插页 · 203 千字

标准书号：ISBN 978-7-111-73127-6

定价：65.00 元

电话服务

客服电话：010-88361066
　　　　　010-88379833
　　　　　010-68326294

封底无防伪标均为盗版

网络服务

机 工 官 网：www.cmpbook.com

机 工 官 博：weibo.com/cmp1952

金 书 网：www.golden-book.com

机工教育服务网：www.cmpedu.com

赞　誉

在作为高管教练和高管教育家的 50 年职业生涯里，我有幸与美国卓越的领导者们共事。从理论层面，我似乎教授了他们不少东西。但在实践方面，我从他们身上学到的远比他们从我身上学到的要多得多。我的这本新书有幸得到以下这些领导者、思想家和教练们的再次认可及推荐。我在他们每一个人的赞誉后都加上了我的评论，从而帮助读者进一步了解这些卓越的领导者的伟大成就。同时，通过分享我的所学，我希望这本书能够像这些卓越的领导者、思想家和优秀的教练们帮助我一样，帮助你。

——马歇尔·古德史密斯

"自从与马歇尔·古德史密斯一起工作后，我的生活发生了很大的变化。从那之后，我所有重要的决策都无疑不受到充满智慧、富有同情心和敢于承诺的古德史密斯的影响。在他的教练100 社区[⊖]，我们激励着彼此不留遗憾、实现自我，朝着既定的目标勇往直前。当你打开这本马歇尔的新书时，你不仅能聆听他的教诲，还能获得面对未来挑战，重启征程的力量。因为我就是这样，每一天都在他的鼓励下，带着谦逊与热情，一次又一次赢得我的丰盈人生。"

——吉姆·金勇博士（DR. Jim Yong Kim），曾任世界银行行长

㊀ 教练100 社区是马歇尔·古德史密斯创建的，由优秀的教练、顾问和思想家组成，是一个将富有经验、专注的教练与优秀的领导者们联系起来的组织。——译者注

作为"健康伙伴"的创始人，以及后来的世界银行行长，吉姆领导的人道主义行动在发展中国家产生了巨大的影响，拯救了数千万人的生命。

* * *

"马歇尔·古德史密斯教练的精髓在于他致力于实现自己的目标，即帮助我在内的每一位客户找到幸福感和成就感，令我们自己和我们所领导的所有人变得更好。现在，他正将受众从他的客户扩展到所有阅读本书的读者。这是他给我们最好的礼物，帮助我们成为想成为的人，拥有充实而无悔的人生。谢谢你，马歇尔，还有你的《丰盈人生：活出你的极致》！"

——艾伦·穆拉利（Alan Mulally），曾任福特公司首席执行官

在 9.11 恐怖袭击后担任波音航空公司的首席执行官；在金融危机后担任福特公司的首席执行官。无惧难以置信的挑战，艾伦领导了美国商业史上十分成功且鼓舞人心的两个企业的变革与重生。

* * *

"马歇尔是我的良师益友，在他的精心指导下，我逐渐成为一名更好的领导者和一个更快乐的人。他对我最大的帮助在于，让我学会了接受反馈——了解他人对我的看法，践行前馈——做出积极的改变。本书分享了世界上备受尊敬的教练对创造幸福和收获成就最有价值和最有影响力的见解。"

——休伯特·乔利（Hubert Joly），曾任百思买首席执行官

当休伯特加入百思买时，人们预测它即将破产。在他担任首席执行官八年之后，公司取得了惊人的成绩，以及营利能力的提升。这个精彩的故事也被记录在他自己的畅销书《商业的核心：新时代的企业经营原则》（*The Heart of Business*）一书中。

* * *

"生活总是充满了许多美好的事物，对我来说，马歇尔·古德史密斯就是其中之一。从我担任女童子军首席执行官伊始，我们得以相识并一起工作至今，他是我生活和工作特殊的一部分。此刻，通过本书，马歇尔与我们所有人分享了一些非常重要的东西，教会我们如何才能拥有丰盈的人生。这又是一本你必读的杰作！"

——弗朗西斯·赫塞尔本（Frances Hesselbein），

曾任美国女童子军首席执行官

作为女童子军的首席执行官，弗朗西斯有着举足轻重的影响力，她被授予总统自由勋章，被彼得·德鲁克称为"我所见过的最伟大的领导者"。

* * *

"马歇尔·古德史密斯具有一种独特的能力，那就是在和我交流的 5 分钟里，就能够在如何领导企业走向成功方面提供他深刻的洞察。同时，他还不忘提醒我专注在最重要的事情上，相当不可思议。在新冠疫情暴发期间，辉瑞需要在保护和拯救生命方面持续发挥关键的作用。因此，我不仅在工作方面，在生活方面也需要更多地倚重他。马歇尔无疑是一位出色的教练、教育家和作家。"

——艾伯特·布拉（Albert Bourla），辉瑞公司首席执行官

作为辉瑞公司的首席执行官，艾伯特不知疲倦地领导公司应对人类面临的挑战之一。辉瑞公司在药物开发方面取得了惊人的成就。

* * *

"马歇尔·古德史密斯称得上是现代世界的先哲。从他的每一本书、每一次演讲、每一次会议，以及与他的每一次互动中，

我都能感受到他那真诚、同情和智慧的光芒。"

——阿什·阿瓦尼（Asheesh Advani），

国际青年成就组织首席执行官

国际青年成就组织因其在赋予世界各地青年经济权力方面所做的工作而获得 2022 年诺贝尔和平奖提名。

* * *

"马歇尔·古德史密斯独特的教练方法不仅对我是个挑战，而且激励我成为一个更好的领导者和更好的人。在他的这本新书中，马歇尔将带领我们走完以目标驱动生活的过程。同时，相信你会像我一样感受到来自本书所诠释的哲学与实践方法的挑战。"

——詹姆斯·唐宁（James Downing），

圣裘德儿童研究医院总裁兼首席执行官

作为儿科肿瘤学家，唐宁于 2014 年被任命为圣裘德儿童研究医院负责人，成为与儿童癌症抗争的世界级领导者。

* * *

"本书是对马歇尔作品集的伟大补充。书中的建议在帮助你不断取得成就之余，在寻求平和与幸福之旅中也发挥重要作用"。

——艾米·埃德蒙森（Amy Edmonson），

哈佛商学院诺华领导力与管理学教授

2021 年，艾米被评为"全球思想家 50 人"（Thinkers 50）最具影响力的管理学思想家第一名。

* * *

"马歇尔·古德史密斯总是能够直指问题的本质。对于任何希望找到努力奋斗与生活意义相关联的人来说，马歇尔绝对是一位最佳的陪伴者、智慧的向导、鼓舞你的啦啦队队长。对于那些还不认识他本人的人来说，现在，可以通过阅读他的书得到成长！"

——约翰·迪克森（John Dickerson），

哥伦比亚广播公司新闻首席政治分析师

约翰为哥伦比亚广播公司的两档栏目《周日早晨》和《CES 晚间新闻》提供报告。同时，他也是畅销书《世界上最难的工作》（*The Hardest Job in the World*）的作者。

* * *

"现在的我，能够专注于感激生活中的每一个瞬间。而在此前，总是以目标为导向的我，几乎忘了幸福与成就并不相互排斥。我通过专注当下提醒自己做出更无私的决定。马歇尔·古德史密斯是一位伟大的教练，是他帮助我成长并做到了这一点！"

——大卫·张（David Chang），厨师、作家

大卫·张是创意餐厅福桃王国的创始人，也是詹姆斯·比尔德奖得主、媒体人，还是畅销回忆录《吃桃子》（*Eat a Peach*）的作者。

* * *

"与马歇尔·古德史密斯一起工作是一种幸福。他不断地帮助我成为更好的人、妻子、母亲和领导者。我们共同的旅程充满了喜乐，即使是我需要面对必须做出的根本改变时。本书完美地捕捉到了他长期以来对我们的影响和他的精神。"

——艾莎·埃文（Aicha Evans），Zoox⊖首席执行官

⊖ Zoox 是美国乃至全世界估值最高的无人车创业公司。——译者注。

艾莎曾任英特尔公司高级副总裁兼首席战略官，入选《财富》2021 年最具影响力商界女性"值得关注人物"名单。

* * *

"刚读完本书。感谢这份美好的邀请，让我得以与自己进行了一次深入的对话！"

——南洪德·范登布鲁克（Nankhonde Van Den Broek），

执行教练、活动家和企业家

2021 年，南洪德·范登布鲁克被评为"全球思想家 50 人"（Thinkers 50）最具影响力的领导力教练。

* * *

"通过本书，马歇尔·古德史密斯精彩绝伦地还原了我们需要花费 400 多个周末的私人时间，和与世界上 60 位杰出的人物对话才能学到的原则。"

——马克·C. 汤普森（Mark C. Thompson），领导力教练

马克是《钦佩》（*Admired*）和《持久成功的哲学：开创自己想要的人生》（*Success Built to Last*）等畅销书的作者。他也是顶级 CEO 教练和"全球思想家 50 人"（Thinkers 50）的十大高管教练。

* * *

"我觉得自己何其幸运能够遇到马歇尔·古德史密斯，让他成为我生命的一部分，并且获得了向他和他的教练 100 社区中更多的杰出人士学习的机会。马歇尔在我从职业运动员转而开启人生另一个篇章的过程中发挥了非常重要的作用。"

——保罗·加索尔（Pau Gasol），前 NBA 全明星球员

保罗是两届 NBA 冠军，五届奥运选手（三枚奖牌获得者），以及加索尔基金会主席。

* * *

"除了马歇尔·古德史密斯，还有谁能让来自世界各地的领导者在周末期待 Zoom 的视频电话会议？他将来自不同经济领域的各路精英聚集在一起彼此分享、相互学习，最重要的是'让爱传递'。在他的教练 100 社区中，我发现'以人为本'始终贯穿在我们的讨论中。我非常确信，你将从本书中收获颇丰，并因此受到鼓舞加入我们的行列，用你所获得的洞察将善意传递下去！"

——米歇尔·塞茨（Michelle Seitz），
罗素投资公司董事长兼首席执行官

自 2017 年被任命为首席执行官以来，米歇尔就一直领导着这家投资公司。

* * *

"马歇尔·古德史密斯是生活改变的缔造者。在过去的十年里，他在我职业生涯的每一步中都扮演了关键角色。我很荣幸能成为他教练 100 社区的一员。马歇尔有着化腐朽为神奇的能力，使复杂的事情变得简单，激励你将每一天都变得更好，并要求你做出积极且持久的改变。在本书中，他提醒我们，如果我们把自己只定位于一个又一个目标的实现上，那么我们的野心将越来越大，并且我们会更加专横。我们必须好好享受人生的旅程和自己的幸福，这是我们需要做出的最重要的选择。"

——马戈·乔治亚迪斯（Margo Georgiadis），
曾任 Ancestry 公司总裁兼首席执行官

在领导 Ancestry 实现令人难以置信的转型之前，马戈是美泰公司的首席执行官，是《财富》最具影响力的 50 位商界女性之一。

* * *

"马歇尔是一位出色的导师，他帮助了包括我在内的许多人，让我们真正变得快乐和聪慧。他是能让你更加优秀的倍增器。我迫不及待地希望读者能够用在本书中学到的知识，在世界范围内产生指数级的积极影响。"

——向珊殷（Sanyin Siang），CEO 教练、顾问和作家

杜克大学富卡商学院 K 教练领导力与伦理中心的创始执行主任。"全球思想家 50 人"（Thinkers 50）排名第一的教练，也是《启动手册》（*The Launch Book*）的作者。

* * *

"成为马歇尔·古德史密斯杰出领袖团体的一员，我感到无比荣幸。他具有点亮我们每个人身上人性光辉的非同寻常的能力。无论是个人的还是职业上的，他都能直指问题的核心，并营造出一个肯定且富有成效的环境。在这里，社区成员展现出的脆弱一面，反而让我们充满动力与灵感。"

——莎拉·赫什兰（Sarah Hirshland），

美国奥委会和残奥委会首席执行官

莎拉曾任沃瑟曼公司战略业务发展高级副总裁。2018 年出任美国奥委会领导，带领美国队在第 32 届夏季奥运会上取得了巨大的成功。

* * *

"本书是马歇尔·古德史密斯的佳作之一，集洞察力、共情力和实用性为一体，可以帮助你拥有一个更完整、更充实的人生。"

——杰弗瑞·菲佛（Jeffrey Pfeffer），斯坦福大学商学院组织行为学 Thomas D. Dee II 教席教授

杰弗瑞自 1970 年起任职斯坦福大学商学院组织行为学教授，先后出版了超过 15 本书，包括《远见 2》（*Dying for a Paycheck*）和《知行差距》（*The Knowing-Doing Gap*）。

* * *

"马歇尔·古德史密斯风趣幽默，总是一针见血地指出我们的缺点。他以诱导启发和叙事的方式，加以友善的敲打，让我们幡然醒悟，变得更好。这对我们中间那些不善于理解微妙之辞的人来说非常受用。本书及马歇尔的其他著作、演说使他成为享誉世界的教练。"

——托尼·马克思（Tony Marx），

纽约公共图书馆总裁兼首席执行官

作为阿默斯特学院的前院长，托尼在 2011 年成为纽约公共图书馆的总裁，并带头开展了一系列创新活动。

* * *

"在我认识的人中，没有人比马歇尔·古德史密斯更能化腐朽为神奇了。没有他的帮助，我不可能有今天的成就，不可能拥有如今富足、有趣的生活。衷心希望本书也能像帮助我一样帮助你！"

——马丁·林斯特龙（Martin Lindstrom），

作家、著名品牌营销专家

马丁是林斯特龙公司的创始人，是《买》（*Buyology*）和《痛点：挖掘小数据满足用户需求》（*Small Data*）等畅销书的作者。被评为《时代》周刊 100 位最具影响力人物之一。他还是著名的品牌建设专家。

* * *

"时至今日，马歇尔·古德史密斯早已成为世界上伟大的领导力思想家，但他还是保持着一贯的谦逊与善良，他活出了最充实的人生。本书也将帮助你拥有无悔人生。"

——肯·布兰佳（Ken Blanchard），

作家、演讲者和商业顾问

肯·布兰佳是一位具有代表性的、受人爱戴和尊敬的管理教育家，凭借超过 2300 万册图书的销量，成为受欢迎的纪实文学作家之一。

* * *

"马歇尔·古德史密斯帮助了包括我在内的成千上万的人拥有更好的生活！他风趣幽默、谦逊有加，是人文主义的战士，又是宽厚的佛教徒，他将相反的品质融合在一起，创造出深刻而永恒的价值。"

——艾莎·贝赛尔（Ayse Birsel），设计师和作家

艾莎被《快公司》评为商界最具创造力的 100 人之一，是"全球思想家 50 人"（Thinkers 50）的十大教练，也是《设计你所喜爱的人生》（*Design the Life Your Life*）一书的作者。

* * *

"作为一名教练和顾问，马歇尔·古德史密斯善于在正确的时间提出正确的调整建议。本书是一本精彩纷呈的书。"

——丽塔·麦克格兰斯（Rita Mcgrath），

哥伦比亚商学院教授

作为世界顶级的创新专家，丽塔被评为"全球思想家 50 人"（Thinkers 50）排名第一的战略思想家。她也是《环顾四周》（*Seeing Around Corners*）的作者。

* * *

"马歇尔·古德史密斯的非凡才华与慷慨宽厚，能感染所有见到他的人。就像他在本书中的分享，他的教学能帮助我们成为一个更好的人。千万不要错过感受'马歇尔独特经历'的机会！"

——切斯特·埃尔顿（Chester Elton）、

艾德里安·高斯蒂克（Adrian Gostick），作家

切斯特和艾德里安是《纽约时报》畅销书 *All In* 和 *Leading with Gratitude*[⊖] 的合著者。

* * *

"本书是马歇尔·古德史密斯以他丰富的教练经验提炼成的一本富有洞察力和启发性的指南，旨在帮助我们避免遗憾，享有充实的人生。"

——萨菲·巴赫尔（Safi Bahcall），物理学家、企业家、作家

萨菲曾在奥巴马总统的科技委员会工作过，他是《科学与技术》的作者，也是《华尔街日报》畅销书《相变》（*Loonshots*）的作者。

* * *

"通过本书，马歇尔·古德史密斯帮助我们知道何时应该'放手'。他以一贯的同情心和智慧，向我们展示了如何从遗憾走向充实，无论此刻的我们处于什么样的年龄或人生阶段。"

——萨莉·海格森（Sally Helgesen），教练、作家

⊖ 艾德里安·高斯蒂克和切斯特·埃尔顿是《斯坦福的鸭子：告别工作焦虑，建立团队韧性》《胡萝卜原则：比薪酬更有效的激励方法》《高绩效团队：VUCA时代的5个管理策略》等畅销书的联合作者。但上述两个作品未见中文译本，故保留原书名。——译者注。

萨莉被评为《福布斯》全球第一女性领导人教练，是畅销书《身为职场女性：女性事业进阶与领导力提升》（*How Women Rise*）的作者。

＊　　＊　　＊

"马歇尔·古德史密斯给我的最大的礼物便是帮助我把可能性变为现实。通过本书，希望他也能同样帮助到你。"

——惠特尼·约翰逊（Whitney Johnson），
Disruption Advisors 公司首席执行官

惠特尼被评为"全球思想家 50 人"（Thinkers 50）十大管理思想家，著有《精明增长：如何通过让你的员工成长来发展你的企业》（*Smart Growth*：*How to Grow Your People to Grow Your Company*）。

＊　　＊　　＊

"本书像一只友好的手，既能帮助你过上你想要的生活，也能在你违背自己的理想时及时敲打你。"

——卡罗尔·考夫曼（Carol Kauffman），
哈佛大学医学院教练研究所创建者

卡罗尔是"全球思想家 50 人"（Thinkers 50）十佳高管教练。

＊　　＊　　＊

"马歇尔·古德史密斯又一次做到了。本书所诠释的洞见和分享的工具，会让你觉得马歇尔正在亲自指导你。"

——戴维·尤里奇（David Ulrich），
密歇根大学罗斯商学院伦西斯·利克特教席教授

戴维是著名的人力资源思想家，著名作家，也是"管理思想家 50 人"（Thinkers 50）的成员。

关于马歇尔·古德史密斯和马克·莱特尔，你还应该知道的著作：

《习惯力：我们因何失败，如何成功？》(*What Got You Here Won't Get You There：How Successful People Become Even More Successful*)

《魔劲》(*Mojo：How to Get It，How to Keep It，How to Get It Back If You Lose It*)

《自律力：创建持久的行为习惯，成为你想成为的人》(*Triggers：Creating Behavior That Lasts，Becoming the Person You Want to Be*)

感谢罗斯福·托马斯（Roosevelt Thomas，1944—2013）博士
提供的见解和支持，
感谢安尼克·拉法基（Annik LaFarge）介绍我们相识。

不要假设我就是我原来的样子。

——《亨利五世》，威廉·莎士比亚

序言

多年前，还是在乔治·W.布什（George W.Bush）政府时期，在一个领导力论坛上，我被介绍给了一位名叫理查德的人，他是位经纪人，负责艺术家、作家和音乐家的业务推广工作。有好几位都认识我俩的朋友告诉我，我和理查德有很多共同之处。而且，他也住在纽约市区，我刚在那里买了一套公寓。于是，我们约定等我下一次去纽约时一起聚餐。但在约好见面的最后一分钟，他取消了约会，没有说明具体原因。哦，那好吧。

几年后，在奥巴马执政期间，我们终于有机会聚在一起吃饭。就像朋友们所预料的那样，我俩果然一见如故、相谈甚欢。席间，对于多年前那次被取消的约会，理查德流露出懊悔的神情，当时他想象着我们在见面前的那些"浪费的时光"里错过的欢乐饭局。虽然理查德用 "浪费的时光"是一种调侃，但依然无法掩饰他的沮丧，就好像他搞砸的是一个需要道歉的人生决定。

自那之后，我们每年都会在纽约聚会两三次，每一次，他都会重复他的懊悔。每一次，我也都会说："放下吧，我已接受你的道歉。" 然后，在我们某一次的晚餐中，他给我讲了这样一个故事。

从马里兰郊区一所高中毕业的他成绩平平，也没有兴趣申请大学，于是便应征入伍。在德国的某个军事基地而不是在越南的战场上服役了三年之后，他回到马里兰州，决心读大学。那一年他 21 岁，终于对未来有了清晰的认识。在进入大一之前的那个夏天，他去了华盛顿特区那一带开出租车。有一天，从机场接到一位要回贝塞斯达的年轻女孩，她是布朗大学的学生，刚从德国留学一年回来。

"我们有一个小时的时间交流彼此对德国的印象。"理查德说道，"那是我一生中最迷人的一个小时，我敢肯定，出租车里一定充满化学反应。在把车停在她父母那所大房子前面后，我替她把行李搬到门廊上，我有意拖延时间以便考虑下一步行动。我很想再见到她，但司机邀请乘客出去约会是不被允许的。但是，我想出了一个妙招，我把我的名字写在出租车公司的卡片上，不着痕迹地说道：'如果你需要搭车去机场，请打电话给调度中心，找我。'"

"她回答'我会的'，听起来就好像我们俩都已同意约会。我带着对未来的各种期许飘回到车里。她知道如何联系我，我也知道她住在哪里，我们之间已经以某种细微的方式联系在一起。"

当理查德讲述的时候，我确信自己已然知道故事的结局，不外乎和那些浪漫的结局类似：女孩和男孩相遇，其中一人弄丢了对方的名字或电话号码或地址，另一方徒劳地等待对方的消息。多年之后，他们偶然巧遇，得以再续前缘，或者是由此产生的其他桥段。

"几天后，她果然打来电话，我们约好在下个周末见面，"理查德继续说道，"那天，我开着车，离她家还有三个街区的时候，我停下来，告诉自己镇定。这个夜晚对我太重要了，我甚至已经看到与她共度的一生，不顾她比我优渥太多的背景的事实。可是，随即，我做了一件令自己也十分费解的事。也许是因为她家的那座大房子，或是她所在的时髦社区，又或者是我开的是一辆出租车，总之，我愣在原地，最终也没有鼓起勇气敲响她家的门。我再也没有见过她，那一时的怯懦整整困扰了我 40 年，这也许就是我至今一直独自生活的一个重要原因。"

理查德的声音随着这意想不到的结局颤抖，脸色痛苦忧伤，以至于我都不忍直视他的眼睛。我原以为会是一段成功的第一次约会，以及随后许多次的浪漫追忆；或是经过几次约会，他和那位年轻女子都苦涩地意识到彼此并非灵魂伴侣。可我听到的却是一段追悔莫及的叙述，那是人类最为空虚与荒凉的情感——遗憾。它像一场谈话的终结者，将悲伤砰的一声投掷在我们中间，任何一句治愈或救赎的言语在那一刻都显得苍白无力。遗憾，是我最不希望人类体会的感受。

能够就读者反复出现的挑战给予一些有用的建议的书称得上好书，比如针对一下子就能从我脑子里冒出来的三大世纪挑战：如何减肥、如何致富和如何寻找爱情的书。我近期的著作，主要专注在职业抱负与个人身心健康之间的行为关系上。例如，《习惯力：我们因何失败，如何成功？》讨论的是如何消除工作场所的自我挫败行为；《魔劲》讨论的是如何应对因

职业挫折带来的动力停滞；《自律力：创建持久的行为习惯，成为你想成为的人》讨论的是如何识别日常情况下，引发我们做出最不受欢迎的反应和选择。

今天，在本书中，我们要应对的是关于遗憾的挑战!

我的前提是，我们的生活是在两极情绪之间反复切换的。其中一极是我们所知的"满足"的感觉。这种内在的满足感是根据被我称为满足元素的六要素来评判的。

- 目的
- 意义
- 成就
- 关系
- 投入
- 快乐

这六要素○就像路标指引着我们奋斗一生。我们投入大量的时间与精力找到生活的目的与意义，然后，努力获得成就、积极维护关系、凡事全力以赴、享受快乐与幸福。但我们与这六

○ 我有意将健康和财富排除在六要素之外。当然，它们毫无疑问是我们为之奋斗的另外两个主要领域。但我的假设是，正在阅读本书的你，已在这两个目标上投入了大量的时间，特别是成年之后。它们对你来说已是可以掌控的，当你看着镜子里的自己或银行的对账单，可以对自己说："嗯，还不错。"不过，最重要的原因是，我相信如果你需要节食、健身和致富的建议，在别的地方或许能找到更好的答案。

要素的关系是脆弱的、反复的、转瞬即逝的，因此，要时刻保持对它的警觉和持之以恒的努力。

例如，快乐是人类感知自我情绪的晴雨表，所以我们会经常问自己或被人询问是否开心。然而，快乐也是最不可能持久的情绪状态，它像梦一样短暂。比如，我们的鼻子痒了，用手挠了后，惬意的舒服感就能让我们高兴起来。但接着，看到一只烦人的苍蝇在房间里嗡嗡作响，感受到从窗缝挤进来的阵阵寒风，发现家里的某个地方的水龙头又在漏水，倘若这样的状况持续一整天，我们的快乐也就会渐渐地消失。意义、目的、投入、关系和成就都很脆弱，凡是我们越想伸手抓牢的东西，就越会快速地从我们指间溜走。

但我们发现，如果我们能够在追求六要素时所做的选择、承担的风险和付出的努力，与可得到的回报之间建立一个对等的关系，就会获得相对持久的满足感。当然，这发生在假设世界是公平、公正的前提下。我们告诉自己，我要实现它们，我为此而努力，而我也得到了和我的努力相等的回报。换句话说，这是我奋斗的结果！当然，这只是以一种简单的动态方式，把我们奋斗的人生尽可能地描述出来。后面我们将会看到，它呈现出来的并不是一幅完整的画面。

与满足完全相反的另一极就是遗憾。凯瑟琳·舒尔茨（Kathryn Schulz）在 2011 年的 TED 演讲上就曾对这个主题做过一次精彩的分享。她是这样定义的："遗憾就是我们认为，如果和过去的做法不同，当下的状况就会更好或更快乐的一种情绪表达。"遗憾是感受（是我们自己创造的，不是别人强加给我们的）和想象（想象如果能回到过去，我们会做出不同的选择，从而会带来比现在更好的结果）的混合体。不难看出，遗憾是我们可以掌控的一种情绪，至少在让它进入生活的频率和让它停留的时长方面，是我们完全可以控制的。是选择永远被其折磨或受困于它（就像我的朋友理查德一样），还是愿意放下它继续前行？我们需明白，遗憾不会有终结的时候，在未来的某一天，我们一定还会碰上让自己懊悔的事。

就像男人的衬衫有 S、M、L、XL、XXL，甚至更大的号码，遗憾也并非均码。所以我先要澄清的是，在本书中，我深入探讨的不是微小的遗憾，比如因口误冒犯了同事等的偶然失误，通常这些可以通过真诚的道歉来解决；也不是在思考中苦等的遗憾，像凯瑟琳·舒尔茨在 TED 演讲中提到的那次令她颇受启发的文身事件。虽然从离开文身店的那一刻起她就后悔了，并让后悔的情绪一直折磨着自己，夜不能寐，不断地质问自己："我到底是怎么想的？"不过最终，她还是放过了自己，甚至还从这次令她懊悔的选择中总结出一个教训，即不满意文身是因为把自己完全"袒露"在这个世界面前，这次不靠谱的选择换来的是"完全无保障"的结果。有了这样的经验，她相信下一次一定能做出更好的选择。

我想借助本书解决的是巨大的已成事实的遗憾，是改变了我们人生命运和侵蚀了我们记忆数十年的那种懊悔。比如，早年做了成为丁克的决定，到改变主意想要孩子时已经太迟，因为那个我们想和她孕育生命的另一半早已离我们而去；再比如，因为自我怀疑和自卑，拒绝了一份完美的工作机会；还有，在学生时期没有认真学习；在退休时回看自己，懊悔没有在闲暇时光培养一些除工作之外的兴趣等。

避免既成的懊悔并不容易但也并非不可能，只要我们愿意将注意力放在满足感的获得上。对未来的机会持开放的态度能够帮助我们避免遗憾，特别是当我们相信自己已经是快乐的和有所成就的。寻找满足感最简单的方法就是拥抱满足。

我的读者们都知道，我对艾伦·穆拉利那溢于言表的钦佩之情。在我的眼里，他就是那个为自己创造出既满足又无遗憾的人生的典范。

2006年，时任波音航空公司首席执行官的艾伦获得福特公司首席执行官一职的邀请，就是否离开波音这家他唯一服务过的公司的利弊征求我的意见。作为他的前任教练及对他的了解，我能够站在一个独特的客观角度为他提供建议。首先，他是一位杰出的领导者，有能力在任何一个管理岗位上都取得成功。其次，我知道一段时间以来，很多公司都在向他抛出橄榄枝，但这些机会的吸引力和挑战性都不足以让他离开波音航空公司。诱使他离开的机会，必须非比寻常。帮助福特公司重新振兴就是这样一个机会。所以，我给艾伦的建议和之前给他的职业建议是一样的：持开放的态度。

艾伦一开始是拒绝这份邀请的，但他以开放的心态，重新考虑这个职位的方方面面（这也是他的天赋之一），并继续收集振兴这个汽车业巨头所需要的信息。几天后，他接受了工作邀请。之所以做出这样的决定，是因为他一如既往地把专注力放在实现更大成就的可能性上，而不是纠结于会不会做让自己

遗憾的选择。[⊖]

　　但是，遗憾并不是我们在此探讨的主题。虽然我动过把本书命名为"治愈遗憾"的念头，但因会把读者带偏而作罢。遗憾如同不请自来的陌生人在敲我们的门，是在我们做了错误选择，一切都偏离了方向时才出现的。遗憾是可以避免的，但切记不能完全排除它（而且鉴于遗憾具有的启发性，"它提醒我们注意下次不要再这样做！"我们也不应该完全拒绝遗憾）。所以，我们在此为大家制定的策略是接受其不可避免性，但要减少它出现的频率。遗憾是我们在这纷繁复杂世界中寻找满足感的消极制衡。这就是为什么本书将要探讨的第一主题是实现人生的满足感。

　　如图1所示，我们的生活是在遗憾与满足这个连续体[⊖]之间来回徘徊的，这也是我们基于的一个指导性概念。

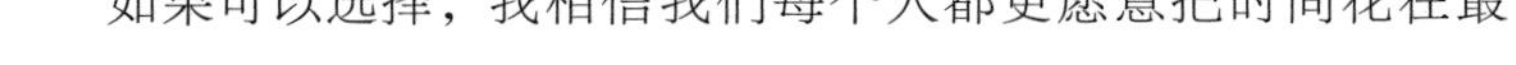

遗憾　　　　　　　　　　　　　　　　　　　　　　满足

图1　遗憾与满足

　　如果可以选择，我相信我们每个人都更愿意把时间花在最靠近右极的地方。在本书调研的过程中，我邀请我专业圈子里

　　⊖　在艾伦担任首席执行官的七年间里，福特的股票价格上涨了1837%。更重要的是，他是在一家有工会组织的企业里获得了97%的 CEO 支持率的人。

　　⊖　是指相邻两者相似，但起首与末尾截然不同的连续体。——译者注各行各业的人，指出他们在这个连续体上的位置。我不能说这是一项严谨的科学研究，它旨在解决我的好奇：是什么推动了人们把自己标注在更接近于满足而不是遗憾的地方？他们靠右的程度又是多少？我的判断依据是那些显而易见的衡量指标：回应者们大都身体健康、事业有成、深受认可，也就是说都是有地位、有财富和备受尊重的成功人士。我认为他们中的大多数人都会把自己标注在连续体的最右边，因为他们所取得的成就已表明他们已经体验过近乎100%的满足感。

愚蠢如我！真相是，我们谁也不知道众生内心的真正渴望，因此，也不可能知道他们有过多深的失望和悔恨。即使是对那些我们自认为很了解的人，也无法假设或预测他们与满足或遗憾之间的关系。图2所示的是一位来自欧洲的名叫冈瑟的首席执行官的答案，他是所在领域的佼佼者，但因醉心于事业忽视了家庭而追悔莫及。

遗憾   满足

图2 冈瑟的选择

在衡量自己的满足感时，冈瑟发现，虽然在所有传统意义上的成功指标方面他都做得非常出色，但还是无法抵消他作为父亲和丈夫角色的缺失带给他的挫败感，仿佛他把生命浪费在了赢得错误的回报上。

我的另一个教练对象艾琳的情况也是如此。我将其视为成就大成者，理应是一位非常满足的女性。艾琳在11岁时从尼日利亚移民到美国，获得了土木工程学方面的最高学位，随着在行业的深耕，逐渐成为摩天大楼、桥梁建设、隧道挖掘和其他大型结构领域的专家，是市场上非常抢手的顾问。她五十出头，婚姻美满，有两个刚上大学的孩子。作为非洲移民，能够凭借自己的专业能力成为工作领域的稀缺人才，也可能是不二人选，她为自己职业生涯创造出的机会，连我都钦佩有加。我辅导了她六年之久，了解她的梦想和不满，但看见她将自己放在相对偏左的位置上（见图3）时，我还是错愕不已。

遗憾　　　　　　　　　　　　　　　　　　　　满足

图3　艾琳的选择

她的遗憾怎么可能大于满足呢？她说："我对自己的生活'基本满意'，没有理由再抱怨什么。"然而，她就是深陷于懊悔的沼泽中无法自拔。因为和自认为能够做到的事情相比，当下的这点成绩简直微不足道。所以，无论她取得了什么样的成就，都无法动摇她内心对自己没有将应有的潜力全部发挥出来的自我质疑。她后悔为什么在有了一个足够支付人员费用和工资的项目时，就开始得过且过，不愿再去找新的业务。为什么会这样呢？她质疑自己，为什么就不多聘请一些员工，这样不仅可以同时处理多个项目，也能把自己解放出来发掘新的项目。她说："每个人都认为我作风硬朗、雷厉风行。但实际上我是一只披着狼皮的羊。大部分时间我都觉得自己是个江湖骗子，配不上收取的费用和收到的赞美，总是担心有一天被人发现。"

很显然，我们的教练工作还有很多事情要做。

每当我的不科学的调研中出现与冈瑟和艾琳相类似的结果时，我都非常惊讶。那些理应被看作是成功典范的人，结果却一直被挥之不去的懊悔所折磨。

而我原本以为他们的答案应该和伦纳德是一样的。伦纳德是一位华尔街的股票交易员，因高杠杆交易成为 2009 年《多德－弗兰克法案》的牺牲品，被迫在 46 岁时退休。但他的回应是感到无比满足（见图 4）。

遗憾　　　　　　　　　　　　　　　　　　　　　　满足

图 4　伦纳德的选择

我打赌伦纳德会因为自己的职业生涯过早地结束而感到痛苦，而且这份苦涩也已转化为深深的悔恨。但显然不是！我问他为什么会给出这样的答案。他当时还那么年轻，本可以取得更多的成就。

他说："因为我是一个幸运的人。在上大学时统计学教授就告诉我，我有一个小小的天赋，可以在脑子里看到收益率和利率的变化，因此我选择一毕业就进入证券交易市场，一个可以利用我小小的天赋获得回报的领域。我最终进入的这家公司，薪酬制度是纯粹的按劳取酬。如果我帮公司赚了钱，我就能拿到在合同里写得一清二楚的回报；如果我没赚到，我就会被淘汰出局。我每年都在为公司赚钱，也从来没有觉得收入与付出不符或被欺骗。我得到的正是我应得的，感觉自己的付出得到了全然的回报。所以，当我回首那一段经历时，不仅满意而且欣慰，因为到现在我还很有钱。" 说这番话时他嘴角上扬，对自己拥有的好运气既惊讶又开心。

他的理由让我顿时释然。多年来，我对华尔街的人一直抱有这样的偏见，认为这群聪明人进入金融行业并非心甘情愿，不是因为对证券市场的兴趣，纯粹是因为这是个赚大钱和快钱的地方。他们在年轻时大赚特赚，之后再去做自己真正想干的事。因此，他们愿意牺牲自己最好的年华，做着他们不一定喜欢但却有利可图的事情，以此实现日后独立与舒适的生活。但是，伦纳德的答案让我知道我错了。他热爱证券交易，与生俱来的天赋让他更加游刃有余。严格来说，因表现出色而收入颇丰并不是他看重的回报，他真正的满足感来自于这份工作能够使他成为行业的佼佼者，明星一样的人物，并因此成为家庭的主要支柱。我像一位正在进行年度体检的医生，让他给满足六要素打分。果然，这六要素都在他的掌控之中。他一向注重财务安全，这使他能够为直系亲属甚至整个大家庭提供良好的经济保障；他与妻子和成年子女的关系也亲密稳固。他说："我很惊讶，孩子们至今仍然愿意花时间和我待在一起。"他热爱证券交易工作，和家庭成员相处和谐，因此，他在目的、成就和意义几个选项上都打了钩。他完全符合六要素，而且可以用"过度符合"来定义。在离开证券交易行业十年后，他把财富中的很大一部分都捐了出去，并重新利用自己的专业知识为人们提供无偿的财务咨询。我没有再问他是否快乐，因为答案就写在他的脸上。

曾写出 20 世纪 50 年代经典的乡村歌曲《心满意足》（*Satisfied Mind*）的雷德·海斯（Red Hayes），将这首歌的创意归功于他的岳父。有一天，他岳父问他觉得谁是这世界上最富有的人，雷德说出了几个名字，但他的岳父说："你错了，心满意足者最富有。"

伦纳德的答案让我意识到，我找到了一个富足且心满意足的榜样，一个最大限度地放大满足和弱化遗憾的人。他是怎么做到的呢？

先看看我们对"丰盈人生"的有效定义：

当我们每一刻所做的决定、所冒的风险和付出的努力，都与我们生活的总体目标相一致时，那么无论最终结果如何，我们都拥有一个丰盈人生。

这个定义中最容易产生歧义的就是这句："无论最终结果如何。"因为它与我们被现实所灌输的目标实现——先设定一个目标，然后为之努力，最后得到应得的回报——是大相径庭的。

不管成功的大与小，我们每个人在内心深处是能够分辨出哪些是应得的，哪些是命运垂青或怜悯的产物。而且，我们也清楚不同的结果会引发不同的情绪。

当之无愧的成功是一种必然会发生的公正的事情，还伴有少许宽慰，即使最后一秒厄运袭来，也夺不走我们到手的成功。

不配享有的成功一开始是让人欣喜和感到不可思议的，但随即就会带来一种很不舒服的内疚，好像自己是个撞大运的幸运儿。那是一种无以言表的让人无法完全高兴的感觉，羞愧的叹息多过振臂高呼的喜悦。这也就能解释为什么随着时间的推移，我们的脑海里经常闪过修正历史的念头，希望那些成功是通过自身的某种技能和努力工作得来的，而非撞大运的结果。我们发现自己站在三垒，就坚持认为是自己的功劳，全然不顾其实是外野手的失误才让我们得以从一垒跑到了三垒。我们这种企图以修正主义的把戏来掩盖"成功"的胜之不武，不过是再次印证了 E.B.怀特（E.B.White）的犀利观点，即"在自强者面前，运气是一种不宜被提及的事"。

相比之下，对我们来说，真正应得的成功应具备以下三个简单的条件：

- 基于清晰的目标和当下的能力，我们能做出的最佳的选择。换句话说，就是我们知道自己想要什么，以及需要走多远才能达成。
- 我们接纳因此带来的风险。
- 我们会尽自己最大的努力。

　　综上所述，由所做的选择、甘冒的风险和付出最大的努力三者创造的神奇魔力所带来的成果，就是对"应得的回报"这一理念最好的诠释。当然，它在一定程度上只是一个完美的术语。"应得的回报"其实就是对我们奋力追求的每一个目标，全力完善自己的每一个行为的理想解决方案。一直以来，我们被要求必须"赚取"收入、获得大学学位和他人的信任，必须保持身体健康和赢得尊重，但这些东西从来都不是唾手可得的。从拥有一间街角的办公室，到爱我们的孩子、睡个好觉，再到我们的声誉和个性，人类为之奋斗的这一长串清单，都要通过选择、冒险和付出最大的努力才能赢得。这也就是为什么我们如此崇尚应得的成功，因为它是我们付出了最大的能量、智慧和意志才获得的我们想要的东西，让我们有一种英雄般的感觉。

　　但这种"应得的回报"，无论让我多么有英雄感，还是不足以诠释我的目的。因为，它很显然并不能帮助那位来自欧洲的首席执行官冈瑟获得满足感。冈瑟在整个职业生涯所追求的每一个宏伟目标都已实现，他的每一个成功也都获得了"应得的回报"。但问题是，所有"应得的回报"都是对其工作上的奖赏，并不能阻止他被家庭经营失败所带来的愧疚击垮，他在工作方面获得多少成就都无法令他拥有丰盈的人生。艾琳也是如此，她已取得的非凡成就并未让她感到丝毫满足，每一次重大的胜利似乎都是对自我动力与承诺的质疑：我本来，也应该，更加努力。

　　在许多情况下，我们的选择、甘冒的风险和最大的努力所换来的结果并不都是"公平、公正"的。除非我们生活在自我的幻觉中，否则都知道生活并不总是公平的。从我们一出生开始：我们的父母是谁，我们在哪里长大，在哪里受教育，以及很多的其他因素，都不是我们所能控制的。我们中的有些人是含着金汤匙出生的，有的人则灰头土脸地长大。我们可以凭借高明的决策和所付出的最大努力来改变先天的不足，但即便如此，还是会屡屡遭受生活不公的撕咬。例如，你本是某个岗位的最佳候选人，但最终受雇的却是某个人的侄子；你能够把所有的事情做好，但不能保证所有结果的公正、公平。你可以为此感到痛苦与愤怒，抱怨"不公"，也可以优雅地接受生活中的打击与失望。只是，你不要指望每次的尝试都能让你"获得"恰当的回报，回报并不像你期望或应得的那样可靠。

还有一个让我对"应得的回报"这个理论没有太多信心的原因是，它像一个易碎的容器，无法全然承载我们对拥有丰盈人生的追求与渴望。我们从"应得的回报"那里得到的愉悦总是短暂即逝的。开心，其实从我们感知到它的那一瞬间就已溜走，比如明明刚刚得到了期盼已久的晋升，但马上我们就会把目光投向下一个职位，已不满足于这份来之不易的荣耀。再比如，经过好几个月的连续竞选终于赢得了选举，但短暂的庆祝之后，马上就要开始为选民工作。一次奋斗的结束，即是一次新的奋斗的开始，无论我们赢得了什么样的回报：一次大幅的加薪、一次通力的合作、一次备受好评的回顾，胜利之舞也很快会曲终人散，由此获得的成就感和幸福感很难持久。

我并不是在贬低"应得的回报"的价值，以及为之投入的精力。若想在任何事情上取得成功，最重要的就是设定目标并努力去赢得期望的结果。我质疑的点在于，当它们偏离了我们生命中那个更为宏大的目标时，它们对实现丰盈人生还能起到什么作用。

这也就是为什么华尔街的股票交易员伦纳德可以感受到生活中的满足感，而有些可能比他更幸运和更有成就的人却感受不到。在金钱的游戏里，他不仅仅只是为了赚钱，他所有的奋斗之源都来自于保障和供养家人这一更高的目标。就像一名篮球运动员只在乎维持自己的高分，而不愿为赢得比赛和获得冠军做出任何的牺牲（如敢于控球、敢于鱼跃救球、敢于防守对方最好的球员）一样，任何"应得的回报"若没有和更高的目标联系起来，即使有所成就，也一定是空洞的。

现在让我们来看看，"丰盈人生"对我们提出的仅有的要求：

- 过自己想要的生活，而非演绎别人的版本。
- 承诺自己每天都要做到"丰盈"，并让它成为一种习惯。
- 超越个人的野心，将自己的成就与更高远的目标联系在一起。

最终，丰盈的人生并不是为了赢得一座奖杯，对拥有丰盈人生最好的回报就是全身心地投入到获得这样一种人生的过程中。

本书是在新冠疫情暴发期间完成的，当时我和我的妻子莉达被隔离在南加州太平洋沿岸的一个一室一厅的出租房里，我们刚刚卖掉了在圣迭戈北部兰乔圣菲住了 30 年的房子，准备搬去我们双胞胎孙子艾利和奥斯汀出生的纳什维尔永久居住。谁也没料到，我们等了整整 15 个月才从公寓搬出。

与我的其他作品不同，本书的灵感和原始素材不仅来自我的教练客户们，同时也来自我个人的生活。在构思本书时，我仍然有很多想做的事情没有完成，我必须和时间赛跑，必须做出抉择。但我选择放弃很多年轻时的梦想，不仅因为时间紧迫，还因为那些梦想对于今天的我来说已不再具有意义。

本书也是我对我自己未来的反思。只要我们还能呼吸，就一定还有足够的时间进行个人的反思。反思，永远不会太晚，而且是越早越好。我只希望，作为读者的你，无论身处什么样的年纪，只要你在反思你正在塑造的生活，并基于你的反思重新做出抉择，就能从本书中得到一定的启发。因为，这里有太多帮助过我的人和令我受益匪浅的反思；有太多在新冠疫情期间促成我生命最为深刻的非金钱可衡量的反思。这里有太多的反思，还在于我的人生已经处在了这样一个阶段：我面对遗憾的机会不出所料地增加。原因很简单，之前我还有大把时间的时候，往往把未来 10 年到 20 年作为一个主宰当下选择的时间段（即先预见未来 10 年或 20 年希望实现什么目标，然后根据这个目标进行现在的选择）。而现在，从理性的角度考虑，我已经不能这么做了（因为我可能活不了这么久了）。我或许能再活上个 30 年，或者活到 100 岁，但我不能那样指望。我也不知道我的身体状况会不会一直这么好，或者周围还会有哪些朋友和同事还健在并关注我。随着我逐渐走向暮年，我必须对我人生中尚未做完的事情鉴别分类。哪一项已不可行？哪一项已不重要？哪两项或三项必须去做，否则我肯定会后悔？我希望我能利用我剩余的人生，最大限度地增加满足感。

出版本书就是我必须完成的愿望清单中的一项。我希望它对你有所帮助，教会你把时间用在让自己无悔的事情上面。

章节练习

"应得"对你来说意味着什么

想想你人生中的某些时刻，在你想要完成的事情和最终取得的结果之间有着必然联系的时刻。你可以简单地想：你想在数学考试上拿个 A，而你又投入了大量的时间刻苦学习并最终得到了 A。你也可以复杂地想：你想出了一个绝妙的点子，一下子解决了一个令所有同事都束手无策的问题，因此让同事们对你刮目相看。你也可以想一些需要很多事件共振才能取得成功的事情：你有了创业的想法，然后讲故事、找投资人、设计一个产品并将其推向市场。其中每一个步骤都是一个可"赢得"的事件，它们既独立又依附于某个特定的目标。倘若，每一步都取得成功，你充分体会到获得满足感的快意，你就会不断重复去做同样的事。"应得的回报"就是在一次实现了一个目标这样的模式下建立起来的。但并不是把这些小的成功相加起来就会变成一个宏大的成就，为应得的回报付出努力也并不意味着你就能获得丰盈的人生。

请完成以下练习：

现在请你再次感受"应得的回报"带给你的满足感，并将这一感觉放大，将其与一些值得你用余生来追求的更为宏大的而非当下过渡性的目标相联系，然后从中选出一个你认为的人生最为重要的目标。也许你想把你的"应得"事件与修行关联起来，这样你就有可能逐渐地成为一名开悟者；也许你想将其关联到用自己的远见卓识为世人留下一份珍贵的遗产；也可能是别人的榜样力量激励你成为一个更好的人 [就像电影《拯救大兵瑞恩》那个经典的结尾，由汤姆·汉克斯饰演的约翰·米勒上尉在牺牲前对大兵瑞恩耳语道"别辜负（这一切）"给我们的震撼]。你还会有很多选择，但"应得"的过程是相同的：①做出选择；②接受风险；③竭尽全力完成它。唯一的区别是，你所付出的努力不只是为了物质上的回报，还包括为了实现你人生最为重要的目标。

虽然这是举重前的热身，但也并不是很容易就能完成的。我们大多数人，无论什么年纪，都不太愿意主动挑战自己去确定更大的人生目标。因为，仅仅是满足平凡日常生活的需求，就已经让我们的大脑应接不暇。但请记住：这不是一个孰是孰非的测试，你的作答也不是一劳永逸的（它会随着你的变化而变化）。无论你是不费吹灰之力，还是绞尽脑汁，重要的是你的尝试。现在的你已经做好开始的准备了。

目　录
Contents

第 1 部分
选择你的人生

第 1 章
"一呼一吸"范式

　　当释迦牟尼说"我的每一次呼吸都是一个全新的我"时，他并不是指有什么隐喻，而仅仅是字面上的意思。

　　从以前的你到现在的你，生命是由一个不断向前的独立瞬间组成的。每一个瞬间，通过你的选择和采取的行动，你都能体会到快乐、幸福、悲伤或恐惧。但所有这些具体的情绪都不会停留，它们会随着你的呼吸而变化并最终消散。无论你希望的下一秒、下一天或下一年会发生什么，能感知它们的只会是那个不同的你、未来的你。对你来说，唯一重要的是迭代当下的你，那个刚刚呼吸过的你。

　　我假设佛陀的教导是正确的，并以此作为我的开篇。

当然这并不是说，你必须放弃你的精神信仰或要皈依佛门〇。我只是希望你可以考虑将佛陀的智慧作为新的范式来思考时间的流逝与丰盈人生之间的关系。

佛教核心教义的内容包括无常，认为我们现在所拥有的情感、思想和物质财富都不会长久。它们会在瞬间消失，和我们需要下一次呼吸的时间一样短暂。我们知道这已是被实证的，但凡我们能想到的，如自律、动机、幽默感，都不会持久。它们瞬间出现，也瞬间溜走。

然而，让我们将无常当成理解生活的理性思考方式，以及接受无论我们的身份和性格是统一的还是独立的都不过是幻觉的观点，还是不容易的。小时候根深蒂固耕植在我们脑海里的

〇 我 19 岁开始接触佛教，并非因为想皈依佛门，而是它刚好表达了正处在青少年探索期的我的大脑里的一些懵懂的想法。我走近佛教，就是为了确认和澄清它们，而不是要皈依。在对"一呼一吸"范式（我自己的命名，不是佛陀的定义）经年的研究中，我逐渐掌握了这一方法。后来，我也会和我的客户探讨它，特别是当西方的训练方式不能对职场中有行为障碍的领导者起作用时。深受西方范式影响的他们，习惯留恋过往的成功，并将其作为不需要改变自己行为模式也能创造出更多胜利的证据。他们会争辩说："如果我真的这么差劲，怎么可能取得过往的成绩。"但他们忽略了这样一种可能性：即使犯错误的人，也会成功。而这种成功并不能归功于他们，也许是运气使然。佛陀的教导能够让他们区分过去和现在的自己，确保下一次的凯旋不是技术或智慧的结果，而是行为的结果。借用佛陀的教诲，也可以说是我铤而走险的一招棋了。

西方范式，顽强地对抗着无常。事实上，西方范式更像一个童话故事，永远只有"**他们从此过上幸福的生活**"这一个结局。西方范式里，所有的努力都是为了拥有更好的未来，并坚信奋斗会带来这样两个结果：①**无论我们取得怎样的进步，本质上我们仍然是从前的那个人（只是更好了）；②无视所有的事实，认定当下即永久。**但这样永恒的解决方案对我们的精神世界可谓是一种折磨。它给我们造成了这样的错觉：经过刻苦学习在数学科目上拿到了 A 之后，就永远觉得自己应是个全 A 生；或者，相信自己的性格已经固化，永远不能改变；又或者，房价永远只升不降。

这就是"当……时我就会开心"西方范式的最大通病。而我们就是利用这样的普遍心态去说服自己：当获得晋升，或开上特斯拉，或吃到一块比萨，或实现了或短或长的某种渴望，我就会开心。不过，一旦得到了所期望的勋章，受心态的驱使，我们又会贬低这枚勋章的价值，开始为追求下一枚勋章而努力。我们的目标，永远是下一个：晋升到下一个级别；升级特斯拉的配置；再点一张比萨打包带走。我们永远生活在佛陀所说的"饿鬼"境界里，不停地吃，但永远感觉不到满足。

这是多么令人沮丧的生活方式。因此，我更加急切地希望启发大家能够用一种不同的思维方式来看待世界—— 一种尊重当下，而不是寄语过往或未来的方式。

当我向那些习惯于目标设定和取得高成就的客户解释"一呼一吸"范式时，他们都需要花上一些时间才能接受专注于当下的重要性，而非追忆以前的辉煌所带来的快乐，或者憧憬未来宏伟蓝图实现时的兴奋。对他们来说，向前看是种习惯，向后看为自己的过往骄傲也是如此。但令人惊讶的是，当下的这一刻却被他们视为第二位。

但逐渐，我转变了他们对此的态度。当客户因最近或之前的某个错误自责时，我就会说"停下停下"，并让他们重复这句话："那是以前的我，现在的我不是那个错误的制造者，为什么要用以前那个犯了错误的我来折磨现在的我？"然后，我让他们做惯常摆脱问题时做的手势，并重复我的话："让它去吧！"这个方法看上去很傻，不过很有用。客户不仅看到痛斥过去毫无意义，而且得到了心灵抚慰——那个错误是由以前的自己犯下的，令他们能够原谅以前的自己，继续向前。通常，在和客户第一次会面的一个小时里，我至少会花半小时和他们沟通这个方法。但最终，他们往往会在某个关键或焦虑的时刻领悟到，"一呼一吸"范式在日常生活中有实质性的帮助，而不仅对职业生涯有作用。

10 年前，我开始辅导一位 40 岁出头的高管，他是一家媒体公司下一任首席执行官的后备人选，我们称他为迈克。迈克天生的领导力让他从一众聪慧积极、讷言敏行的核心高管中脱颖而出。但他还有一些粗糙的地方需要打磨，这也是我会出现的原因。

迈克对符合自己胃口的人会表现出魅力十足的一面；但他若觉得此人不能为他所用，则以冷眼及冷漠视之。他有着超级强的说服力，但对没有立即认同和响应他的人，又会用咄咄逼人的口吻。他处处彰显自己的成功，散发着一种令人讨厌的特权者的味道。总之，他非常特别，令人印象深刻。

麻木冷漠、自以为是、醉心权力，这些并不是影响职业发展的重大缺陷，是我与他的同事及他的直接下属做 360 度访谈时得到的反馈，也是他需要直面的问题。迈克坦然地接受了这些批评，并在不到两年的时间（这个过程是一对一辅导的关键）做出了让自己满意，更重要的是，让同僚认可的行为改变（通常你需要做出非常大的改变，才有可能让人们看到一点点变化）。他成为 CEO 后，我们的友谊也在继续，每个月至少会就他的工作做一次深度的沟通，逐渐地延展到他的生活方面。他的太太是他大学时期的恋人，他们共养育了 4 个子女，均已成年离开家独立生活。当迈克醉心事业的时候，妻子雪莉独自抚养孩子，并对丈夫的自我陶醉和麻木不仁产生了坚不可摧的怨恨。不过，这段经历了多年紧张状态的婚姻最终趋于稳固。

"是雪莉错了吗？"我问道，并指出，如果他在工作中被认为是麻木不仁、醉心权力，那么在家里很有可能也是一样。

"但我已经改变了，"他说，"她也承认了这一点，而且我们现在越来越幸福。可为什么她还不愿意放下对我的抱怨呢？"

我向他解释了"一呼一吸"范式，强调对西方人来说，想象我们不是一个由血肉、骨骼、情感和记忆组成的统一体，而是在一呼一吸间重生的个体，并且每一个刚刚过去的呼吸都会打下不同的烙印,不断地衍生出不同的个体,是有多困难。

我告诉迈克:"当你的妻子想到她的婚姻时,很难把以前的迈克和今天的丈夫区别看待。他们对她来说就是一个人,一个永久的人格。其实如果不是我们刻意关注,我们所有人的想法也都会是那样的。"

迈克对"一呼一吸"范式很挣扎。虽然我们每次对话都会讲到这个概念,但他还是很难把自己想象成多个迈克,一年之内重生了 800 万次的迈克(那是我们估算出的每一年呼吸的次数)。这和他心目中固有的,呈现给世界的那个令人印象深刻、成功的形象大相径庭。我不能因此苛责他,因为我给他的是一个新的范式,而不是一个随意的建议。我相信,我们会以自己的节奏完成对这个概念的理解。

我们仍然保持着定期的交流,他也仍然是一名 CEO。2019 年的那个夏天,他突然打电话给我,兴奋地宣布说:"我感受到它了!"一开始我不知道他在说什么,但随即意识到,他说的那个"它"指的就是"一呼一吸"范式。他向我描述了前一天他与雪莉的对话,当时他俩刚结束和孩子们、他们的伴侣们及朋友们的国庆聚会,正从周末度假的房子返回平时的家。在路上的两个小时里,迈克和雪莉重温了聚会的欢乐时光、孩子们的转变、精心准备的食物、饭后主动的打扫和清理、朋友们的参与和帮助,这些都让他们倍感满足,沉浸在身为父母的幸运和成功的喜悦中。但紧接着,雪莉的一句话像一盆冷水顿时让热烈的空气凝固。

"我多希望在他们成长的过程中，你可以贡献得更多，"她说，"你知道那段时间，我有多么孤独吗？"

"我没有被她的话刺伤或勃然大怒。"迈克告诉我。我转向她非常平静地说："对10年前的那个人，你是对的，他的确做了很多愚蠢的事情。但那个人已不是此刻正在车上和你说话的人。现在和你说话的人是一个好人。明天，他又是另一个全新的人，并会为变得更好而努力。还有就是，那个当年受了苦的女人，也已经不是今天的你。你为一个已经不存在的人的行为指责我，是不对的。"

车里寂静无声，10秒钟之后，雪莉道了歉，并补充道："你是对的，我也是时候放下了。"

无论是迈克多年的孜孜渴求，在完全平和的情绪状态下实现了对"一呼一吸"范式的理解，还是妻子雪莉10秒钟对它的茅塞顿开，这两个时间段，对于我并不重要，我欣喜的是自己能成为他人顿悟的推手。

如果你从事的也是帮助人们改变的工作，你会很自然地接受无常的概念。像我自己，若没有对它的理解，就不会有清晰的目标和现在的事业。当你接受一切欣欣向荣的事物最终都会走向衰亡和消失时，你就会接受世俗的成就与地位有如过眼云烟。而这个观点对个人的发展也有强大的适用性。你不会再纠结曾经的你对今天或未来的你的影响和禁锢。你会放下以前的那个你所犯的错误，轻松前行。

读到此处，你可能会想，概念层面的谈论够多的了，那

"一呼一吸"范式到底是如何与拥有"丰盈人生"相联系的呢?

它们的联系就像房间会随着你按下的照明开关忽明忽暗一样即刻又直接。如果我们接受自己所努力赢得的每一个有价值的事情——小到得到老师的表扬,大到赢得好的名声,或者从我们所爱的人那里获得的爱的回报——都是反复无常的,都受制于这个世界的热情或冷漠,那我们也必须接受这些"财产"需要不断地重新获得,基本上可以说是以每天或每个小时更新的频率,甚至可能短到我们的一呼一吸之间。

提醒客户们不要再因过去的失败折磨自己("那是以前的你,是时候放下了")是我对他们的价值所在。但我想,当相反情况出现的时候——客户们渴望为我重现他们职业生涯的高光时刻,尤其是那些正为下一段人生而困顿的退役运动员和卸任的首席执行官们,我对他们的帮助也是巨大的。无论是 15 年前赢得过的金牌,还是 6 个月前领导过拥有 20000 人的组织,当他们怀念以前的荣光时,我的责任就是把他们拉回当下,提醒他们,他们不再是那个令人钦佩的运动员或叱咤风云的 CEO 了。那已经是另外一个人,与在社交媒体上试图以虔诚的方式追随某位名人来圆自己的梦没有任何区别,那个名人不知道也不关心你的存在,你们彼此已经是陌生人了。你不断追忆以前的荣耀,虽说这些荣誉、关注和尊重并非虚幻,它们的确是某个时刻的你真正赢得的,但光环早已不再是事实。回顾它们不仅不会让辉煌再现,反而只会让你留下对荣耀转瞬即逝遗憾的叹息。

沉迷于回忆我们是谁，以及我们取得过什么样的成就，是无法让你获得成就感的。它只能由那个当下的我们赢得，那个每一次重生的我们，一次又一次地赢得。正如继 20 世纪 90 年代中期帮助芝加哥公牛队连续赢得两届 NBA 总冠军，在 1998 年又第三次获得总冠军戒指的菲尔·杰克逊（Phil Jackson）所说："你只有在成功的那一刻才是成功的。然后，你必须得从头再来。"

事实是，我们对"丰盈人生"的追求永无止境。除非我们告诉自己，"我已完成了我的使命，我做到了"，而那一刻，也许就是我们呼吸停止的时刻。

章节练习

写两封信

这个练习是为那些在理性层面上理解了"一呼一吸"范式，但尚未形成肌肉记忆，在他们的生活中成为自然和本能的人们准备的。这类人还无法在以前的自己和现在的自己之间建立一面心墙，让这一区分成为新的信念。他们仍然相信，有一些看不见的、摸不着的、横亘不变的实质、精神或灵魂的东西在定义自己。当他们混淆过去和现在的自我，认为两者之间可以互相替代时，这"两封信"的练习，便可以帮助他们厘清思维。第一封信是关于感恩的，另一封信是关于对未来的投资的。

第一封信:

首先,给以前的自己写一封信,感谢曾经的自己做出的努力,可以是某一个创新性的具体行动,也可以是认真工作或高度自律。总之,今天这个更好的自己是通过努力出现的,而非不劳而获或被命运垂青。所写内容可以是最近的,也可以是很久之前的,唯一的标准是,是你特别挑选出来的令你变成现在的你的关键行动。我和很多人都做过这个"感谢之前的你"的练习,有一个人感谢的是8年前那个令他转变为素食者的行动,使今天的他拥有健康与活力。还有一位作家感谢的是10岁的自己养成了查字典的习惯。从小学到中学再到研究生,每读到一个不熟悉的词语,她都会立刻查阅并记在小本子上。她说:"没有那个笔记本,就不会有今天的写作生活。"还有一位女士感谢的是6岁的自己学会了游泳,令她两次遭遇意外时都化险为夷。有一位男士感谢的是18岁的他选择了对他意义特殊的大学,在那里他和他的妻子一见倾心。

这个练习不仅使你在当下的你和之前的你之间创建了分离,更重要的是,它还揭示了已被你淡忘的过去与现在之间的因果关系。在某个你最感恩和谦卑的时刻,你可能突然意识到"我站在了巨人的肩膀上"。这封信正好帮助你找回那个可能已被你遗忘的巨人,那个过去的你。

请深吸一口气,想象所有你当下收到的礼物,都是以前的那个你送给正在读这段话的你的。想象若有任何人送你一份美好的礼物,你会对他们说什么?现在就是这样一个机会,由衷地对以前的你说声"谢谢"!

第二封信：

现在，请写一封信，由现在的你写给一年后、五年后、十年后的你，以牺牲、努力、学习、关系、自律等为货币单位，你所做的每一笔投资，都是为了让收信人受益。这种投资可以是基于自我提升的任何形式——从改善你的健康状况到获得研究生学位，再到将工资的一定比例用作购买国库券。你可以把它看作是一种慈善行为，只当你现在还不知道谁是受益人。

我从伟大的美国国家橄榄球联盟（NFL）跑卫手柯蒂斯·马丁（Curtis Martin）那里得到过很大的启发。在我们认识之前，柯蒂斯就是"一呼一吸"范式的践行者。在一位教练的说服下直到高一他才不情愿地加入橄榄球队，打球至少可以让他每天有 3 小时远离所居住的匹兹堡附近那条随时会危及性命的街道。他曾因被误认，而被人用枪对着脸扣下扳机，好在子弹卡壳。到了高三，几乎所有一流的大学都向他抛出橄榄枝，他就近选择了匹兹堡大学。即使大学期间伤病不断，但因其非凡的天赋，1995 年还是在新英格兰爱国者队的第三轮选拔中被选中。大多数年轻的运动员都会把选秀日看作是命运的转机，而柯蒂斯最初的想法是"我可不想被选中"。但在一位牧师的劝说下，他看到了坚守在这个赛道及加入美国国家橄榄球联盟之后将会创造的无限可能。柯蒂斯不觉心动，因为这有助于他完成一生为他人服务的梦想。柯蒂斯把在职业联赛打球视为对退役后的自己的一种投资，这在顶尖的运动员中并不多见。他们往往喜欢激烈的竞争，痴迷当下的胜利，至于未来，船到桥头自然直。但柯蒂斯却有着长远的规划，作为美国国家橄榄球联盟历史上［仅次于埃米特·史密斯（Emmitt Smith）、沃尔特·佩顿（Walter Payton）和巴里·桑德斯（Barry Sanders）］的第四大跑卫手，奋斗了11 个赛季的柯蒂斯在一次受伤后选择了退役。柯蒂斯在自己还是运动员的时候，就创立了旨在帮助单身母亲、残疾人和身处困境中的年轻人的柯蒂斯·马丁基金会。在告别橄榄球运动生涯的第一天，柯蒂斯就已经准备好和 12 年前投资的自己热烈地握手。现如今，他正沐浴在全新的生活中⊖。

柯蒂斯·马丁是投资未来的自己的正面楷模。而那位被遗憾侵扰的首席执行官冈瑟则是典型的反面人物。冈瑟倾其一生努力奋斗，赚了足够多的钱，可以让三个孩子无须再像他一样辛苦工作。但这是一个巨大的错误，孩子们既不对此感恩也无自我建树，钱成了他们无所事事的借口。冈瑟的错误在于：他没有对未来的自己或父亲的遗产做任何投资，只是单纯地给了孩子们一份礼物，但这两者有着天渊之别。投资是有预期回报的，礼物则没有附加条件。他给予孩子们的，是他们既不用奋斗，也不值得拥有的东西。虽然他有期待，但从来也没有清楚地表达过他希望从孩子们那里得到的回报究竟是什么。最后，他既没有得到孩子们对他的牺牲应表达的感激之情，也没有感受到因看见他们创造了有意义的生活

⊖ 柯蒂斯在 2012 年入选美国国家橄榄球联盟名人堂的演讲中，向人们讲述了真实的自己。这段演讲也被公认为是该活动历史上最坦率和最有力的演讲，同时也是写给未来的自己的一封信的最佳范例。

的某种成就感。他觉得自己与《桂河大桥》里的尼克尔森一样悲情，当上校发现盟军士兵正准备用炸药炸毁他表面上为日军建造，但其实是为了帮助自己的队伍在被囚禁期间保持士气而精心设计的大桥时，那种错位的成就感让他有了想阻止炸桥的企图。在意识到愚蠢后，尼克尔森上校长叹一声："我都干了些什么?"然后拉响了爆炸装置，亲手毁掉了这座桥。

如果冈瑟曾给未来的自己写一封信，很有可能他的孩子们会有全然不同的生活方式。第二封信的意义，不是练习把未来的目标写下来，而是促使你将今天所有善意的努力，当作对你自己和你最爱的人为了提升你们的生产力和幸福指数所做的投资。这不是馈赠的礼物，而是期待有所回报的投资。

第 2 章
是什么阻碍了你创造自己的生活

　　从 2000 年开始，每年我会花 8 天时间为高盛公司的高管和他们的顶级客户教授领导力课程。在这间华尔街久负盛名的企业里，我的对接人叫马克·特尔塞克（Mark Tercek），他四十多岁就升任为合伙人，并负责高盛培训部和教育领域的投资。马克是一名典型的华尔街人：聪明、热情、精力充沛，一心一意地为公司赚钱；同时处事谦虚低调、面面俱到。业余时间他练习瑜伽、参加铁人三项赛，还是严格的素食主义者和坚定的环保主义者。2005 年，他接受任命进军环保业务，并负责管理该部门。3 年后，由于在此领域的沉淀和人脉积累，他的朋友，一位高端猎头公司的负责人打电话给他，向他推荐美国最大的环保非营利性组织自然基金会首席执行官的工作机会。当马克在脑海里思索其他候选人的名字与资质时，有个声音在问自己："我有什么呢？"自然基金会本质上是一家慈善"银行"，用收到的捐赠和年度募捐购买需要保护的自然区域，需要像他这样的金融管控专家，他与这个位置的匹配度可以说非常高。他打心底也很想得到这个施展自己才华的舞台，加之他的妻子艾米——一位同样坚定的环保主义者——也支持他在这一领域发展。

而那时，我和马克之间已建立了充分的信任。于是，我邀请他到我在兰乔圣菲的家中，以便远离喧嚣，花上几天时间认真思考下一步的方向：他是否应该结束在高盛的职业之旅，连同他的 4 个孩子从纽约搬到华盛顿，去运营一个非营利性组织？随着谈话的深入，我们发现选择中的利大于弊，但马克还是有很多的顾虑。眼看离他飞回纽约的时间越来越近，他仍然犹豫不决，于是我决定带着他，穿越我们附近的森林和跑马径。这也是我经常会和我的客户们做的：越是迷失在大自然之中，思维越是清晰。

当他犹豫不决，又给不出什么令人信服的理由时，我就问他："你为什么就不能去试一下呢？这又不是一个录用通知，只是一次面试而已。"

他回答："可是如果我得到了这份工作，不知高盛的合伙人们会怎么想我。"

我们花了很长时间回顾他的职业生涯，包括他的技能组合、他的专业兴趣、他过去的成败与得失。他把自己整整 24 年的成熟岁月都奉献给了这家公司。如今，他获得了一个和自己能力、兴趣如此匹配的新的工作机会，而且也能接受减薪（9 年前高盛上市为他提供了安全的财务保障）。但他觉得同事们会认为他的中途退出，是由于不够坚强，无法忍受华尔街严苛的环境。他的这一荒谬的担心让他退缩不前，这令我觉得太不可思议了。

于是，我抓住他的胳膊，让他停下来，转而面向我。我必须让他认真倾听我即将说出的这句话："该死的，马克，你什么时候开始为自己而活？"

这些年来，但凡涉及高管们考虑是否从目前这个看上去相当不错的岗位离开的讨论，我从中听到的所有想留下来的理由不外乎这三个方面：

- 不可或缺的理由：组织需要我。
- 胜者的理由：我们正处在持续增长中，现在离开为时过早。
- 无处可去的理由：我不知道自己下一步想要什么。

但我从来没有听说过像马克这样层级的人会因为同僚的看法而放弃自己梦想。我的爆发果然击中了他的内心，第二天马克就给猎头公司打了电话，请他们推荐自己。过了不久，他离开高盛，成为自然基金会的首席执行官。马克事件其实就是本书的灵感及"丰盈人生"思想的起源，只是当时的我并不知道。

10 年后，在自然基金会取得巨大成功后的他，打电话来说起那次我对他的怒吼，我的那句"该死的，马克，你什么时候开始为自己而活"好像一种记忆装置，铭刻于他的脑海中，时刻提醒他忠于自己生活的意义与目的：成为一个好丈夫和一名好父亲、贡献社会、拯救地球。（你知道的，不过是那些作为超人爸爸的日常小事。）

其实，我早就忘记了我们在小路上的那一幕，是他的这通电话让我回忆起那天他给出的理由，特别是由于担心同僚的看法就试图放弃到自然基金会工作的机会带给我的震撼与困惑。我明白，若真做出那样的选择，他一定会追悔莫及。（人们不会因尝试了或失败了而后悔，人们常为之后悔的是没有去尝试。）

放下和马克的电话，随即另一段记忆涌上心头。我想起我的朋友，哈佛大学组织行为学博士，已故的罗斯福·托马斯（Roosevelt Thomas）教授，是他重塑了美国企业对待工作场所多样性时的态度。他敏锐地洞察到：在日常生活中参照群体所造成的影响未曾受到重视。其实，我在刚参加工作不久时，还曾就这一主题和托马斯共同发表过一篇论文，而唯有他将其作为一生的课题持续于这一领域的研究。

罗斯福·托马斯认为，我们每个人的情感与理智都和某个特定的群体有着一定的关联。今天我们将其称为"部落主义"，但在20世纪70年代初期，以参照群体来解释社会动荡及人与人之间差异的想法还是一个相当有突破性的概念。参照群体可以是庞大的，如某个宗教组织或某个政党团体；也可以是很小的，如钓鱼乐队的粉丝群。若想把美国所有的参照群体编成目录是绝无可能的，它们不仅比推特上的主题标签还多，而且还会像兔子一样不断繁衍。罗斯福·托马斯所持的观点是，如果你知道某个人的参照群体——是和谁，或是什么让他觉得与之有很深的联系，他想给谁留下印象深刻，他渴望得到谁的尊重——你就能够理解为什么他说话、思考和行为的方式会是如此。（这里的推论是基于大多数的我们都有一个反参照群体，因为忠诚与选择最终是建立在我们反对的而非支持的东西上的。无论是民主党与共和党，还是皇家马德里与巴塞罗那。）我们所憎恶的东西几乎和我们所喜爱的东西一样塑造了我们。 我们无须认同这些参照群体，但如果我们了解这些群体所施加的影响，就不会惊讶他们的追随者所做的选择，或将他们一概视为"白痴"。[⊖]

而我见证了罗斯福·托马斯这一理论是如何契合马克的。此前，我错误地认为马克的参照群体是和他一样的素食主义者、瑜伽练习者和热衷环境保护者。但真相是，经过了 24 年的浸染，马克与身着定制西装、善于交易、积极进取的高盛同事

⊖ 比如我自己，教师是我的参照群体。我的母亲就是一名教师，她在我的成长过程中扮演着非常重要的角色。因此，我很认同教师群体的观点。而我对自己能力的判断也是我是否可以通过传授知识来帮助他人。我最渴望的尊重也来自教师群体。也就是说，我的这一个被隐藏的、很少披露或公开讨论的人格特性，如果不是我主动告知，即使是一辈子的朋友也可能不知道这一点。这就是一个人的参照群体的神秘力量。为此，你必须努力探索才能真正弄清楚某个人。而你的收获，是对一个你以为你认识的人的为之瞠目的重新校准和了解。

们已有着很深的连接，他们的认可对他非常重要。期望马克立马放弃这一参照群体的认同，和要求他否认自己的身份一样，对马克来说是非常大的挑战。这股力量强大到他宁愿牺牲猎头公司可能带给他的天上掉馅饼般的礼物，一个重新创造自己生活的机会。

虽然我很高兴我的"开始过自己的生活"的劝告对马克起到了劝导作用，但他的那通电话却触发了我内心作为一名教师对此的质疑：**如果和马克一样有动力、习惯于成功的人，都能够被他的参照群体所阻挠，那么又有多少人——那些无论资源还是机会都远不如马克的人，因为种种不同的原因，被同样阻挠过？究竟是什么力量阻止了他们创造自己的生活？我又能做些什么来帮助他们？**

好消息是，人类历史上还从未像今天这样更便于我们创造属于自己的生活。在过去，顺从是一切的规则，任何不同的观点都会受到惩罚，无论这些差异是否由我们所爱的人造成的。也许，我们会为此悲伤，但不会有遗憾，因为，既然不被允许做任何决策，也就没有什么遗憾可言。

当然，过去几百年的趋势表明，人类将继续争取更多的权利与自由。在世界大部分地区，已不再有农奴，妇女拥有投票权，数以亿计的人也正在摆脱贫困。换句话说，我们许多人有理由对这样的趋势保有乐观的态度。加之科技的锦上添花，使得我们移动的边界和获取信息的渠道不断扩大，科技进步带来的多样性的选择不断朝我们招手，无论在工作还是娱乐方面，我们拥有了更大的进步、更多的自由和更多的选择。

但我并非唯一一个注意到由此带来巨大问题的人。2005年，彼得·德鲁克（Peter Drucker）在他去世前的告别演说中也如是说道：

> "几百年后，当我们回看历史洪流中的当下这个时代时，史学家们可能会发现，最重要的不是技术，不是因特网，也不是电子商务，而是人类的境况发生了史无前例的变化。这是历史上第一次拥有选择自由的人的数量有了极大的、快速的、实质上的增长，但我们的社会却还未完全准备好应对这一切。"⊖

自由与流动构成了巴里·施瓦茨（Barry Schwartz）在其畅销书《选择的悖论》（*The Paradox of Choice*）中的著名观点：选择越少，结果越好。比如，若让你从 39 种口味的冰激凌里进行挑选，最终的选择往往不尽如人意；但若只让你从香草口味或薄荷巧克力口味里选一个，不仅容易得多，也更能选到自己喜欢的。同样，想要在如此复杂、发展快速的当今世界构建自己的生活，困难的不单是从无数的选择中做出决策，即使我们知道自己想要什么，也不一定知道该如何追随梦想。

创造自己想要的生活绝非易事，有太多强大的障碍阻碍我们选择与行动，尤为表现在以下这些方面：

⊖ 摘自彼得·德鲁克发表于（2000 年春季）《领袖对谈》第 16章 8~10 页的《管理知识意味着管理自己》。

1．很不幸，我们所做的第一选择往往出于惰性

惰性是变革最坚决、最果断的反对者。这些年，每当我遇到声称想要改变但在行为上却没有任何变化的客户时，我都会借助这句"咒语"的帮助：**人类的天性，不是为了寻找生活的意义或幸福，懒惰才是人类的本能。**我希望他们不仅意识到惰性无处不在，还能够以新的视角看待他们身上某个特定的惰性。

我们可能觉得惰性是一种静止的状态，表现为纯粹的被动和不愿参与。其实不是，惰性也是活跃的，是宁可固守现状也不愿有所改变的坚持。这不仅是从字面上给出的解释，也是对惰性的特性从不同视角的诠释：即使人们表现得极其懈怠与被动，实则也是对维持现状的一种积极选择（不选择也是选择；我选择的是"放弃"）。因此，反过来说，当人们愿意做出改变，选择尝试不同事物的那一刻，也就意味着摆脱了惰性思维的牵绊，不再是惰性的替罪羊。让自己成为惰性思维的牺牲品，还是挣脱惰性引力的有害影响，完全在于人们的选择。不过，通常，人一旦发现自己有所选择时，往往就有能力让改变发生。

惰性的另一个有趣特性是它可以让我们窥见短期的未来，比任何算法或预测模型还要准确。由于惰性使然，人们得以对不远的将来做明确的预测：**从你现在正在做的事情上，你可以可靠地预测出 5 分钟后的你会做什么。**倘若你此时正在打盹、

正在打扫房间或正在上网购物，那么，5 分钟之后的你很有可能还在做着同样的事情。而这一短期原则也适用于长期规划：对 5 年后的你最为可靠的预测，就是看当下的你在干什么。如果现在的你不懂一门外语，或者不懂如何做面包，那么，5 年后你极有可能也不会；如果此刻的你不愿和疏远的父亲沟通，那么，5 年后的你很有可能也不会和他交流。从你今天生活的诸多细节的描述中，你都可以窥见你的未来。

如果我们能主宰惰性，养成某种建设性（而非破坏性）的习惯或惯例，就能将其塑造成一种积极的力量。例如，早上第一件事就是去运动；吃一样的营养早餐；每天按照最快捷的路线去上班。此时，惰性就是我们的朋友，帮助我们脚踏实地、坚定不移、持之以恒地做好一件事。

惰性的这些特性成为获得人生成就的主要阻力。而且，即便能够驾驭惰性，也仍然存在其他针对性的力量，阻碍我们过上自己想要的生活。

2. 受制于父母既定程式的我们

我在位于印第安纳州边界的俄亥俄河河段、肯塔基州路易斯维尔以南 30 英里（1 英里 = 1.609 千米）的一处山谷长大。作为家中唯一的孩子，母亲全身心地投入孩童人格的塑造和自我形象的打造上。她是一名小学教师，重视脑力发展多过体力劳动。她为我设定的程式让我相信我是镇上最聪明的孩子。此外，也许是为了防止我成为一名汽车机械师、电工或任何其他类型的工匠，她时常提醒我缺乏眼手协调能力或机械技能。因此，到了中学，虽然我在数学和标准化考试方面展现出天赋，但在任何机械或运动方面却逊色得很，连灯泡也不会换。在少儿棒球联盟赛上，我唯一一次用球棒打到了球，还是一个犯规球。为此，我得到了全场起立喝彩的待遇。

在母亲打造的程式下成长的我，好的一面是我对自己智力的非凡自信。但与此同时，我也养成了骄傲自满的个性，因为我发现自己不需要特别用功也能取得不错的成绩。这样的好运气伴随我在罗斯·霍曼理工学院读完大学、完成在印第安纳大学的 MBA 课程，以及不知者无畏地申请了加利福尼亚大学洛杉矶分校的博士学位（尽管多年来我在学术研究方面毫无建树）。我并不能确切地说出自己为什么需要一个组织行为方面的博士学位，以及将来用它来干什么。我能做出的解释就是惰性使然，也就索性看看它最终会把我带向哪里。然而报应终有时，在加利福尼亚大学洛杉矶分校，我不仅在智力上被同学们碾压，更因自大和虚荣被睿智、威严的教授们无情羞辱。26 岁的我终于明白，我不能再想当然地躺赢，只有付出十二分的努力才有可能获得加利福尼亚大学洛杉矶分校的博士学位。而母亲的既定程式所带来的这一非预期后果，需要我花上很多年才能消除。

在某种程度上，我们所有人都是父母所设定程式的产物。父母对此也是不由自主（打造我们的出发点通常都是好的）。父母塑造了我们的信仰、我们的社会价值观，教我们如何待人接物、如何处理一段关系，甚至引导我们成为哪个运动队的粉丝。但最为重要的是，他们塑造了我们对自我形象的认知。早在我们能够爬行、走路、说话之前，即还在襁褓中，父母就开始对我们的行为进行研究取证，在蛛丝马迹中找寻我们天赋与潜能的证据。当有了弟弟妹妹后，每个人的个性特点也更加明显，假以时日，"证据"日趋充分，父母会按照他们的观察将我们区分成聪明的、漂亮的、强壮的、善良的、有责任心的，反正甭管哪种描述，在当时都和他们的认定十分贴合。他们糊里糊涂地无视一些细微的偏差，按照他们所想的某位理想原型塑造着我们。若我们对此不加理会，不仅会接受他们的程式，而且还令自己的行为迎合这样的设定。聪明的人只仰仗智商而不去培养专长；漂亮的人以容貌取胜；强壮的人喜欢借助武力；善良的人就表现出乖巧；有责任心的人，因为被那份责任裹挟，所以一味牺牲。在我们的性格形成期，爱我们的人深刻影响着我们生活的决定性方式，那么，我们究竟过的是谁创造的生活呢？

虽然只要我们愿意，就有权利在任何时候重置自己，但是，我们往往是在生活出现阻碍时才会觉得是既定程式出了问题，需要重新考虑尝试一些新的事物，如尝试新的工作赛道或换新的发型。但我们随即就会以"我并不擅长_____"或"这不是我"作为借口拒绝改变。因为直到自己（或他人）质疑借口的真实性之时（如"是谁这样说"），我们都不敢想象将自我意志置于已然接受的信仰之上意味着什么。既定程式最大的弊端就是我们已习惯漠视自己真正的需求，不去做任何改变。

3. 因义务、责任而一事无成的我们

你或许看过 1989 年由朗·霍华德（Ron Howard）导演的电影《温馨家庭》（*Parenthood*）。这是一部略微伤感的影片，史蒂夫·马丁（Steve Martin）饰演陷入困境的三个孩子的父亲吉尔·巴克曼，玛丽·斯汀伯根（Mary Steenburgen）饰演包容一切的妻子凯伦。在电影的尾声，老大凯文情绪上出了些问题，吉尔刚巧辞掉了那份令他讨厌的工作，而凯伦意外怀上了他们的第四个孩子。面对这一个个新的状况，夫妻俩的对话剑拔弩张……而当吉尔正要夺门而去，打算担任儿子所在少年棒球队的教练以帮助他们赢取"最后一个决赛资格"时，凯伦问道："你必须去吗？" 踏出门口的吉尔又转过身来，愤怒地说道："我整个人生就是一个个的'必须'。"

责任之美，在于无论明示还是默许，它指引我们要遵守对他人的承诺；责任之痛，则在于它时常与我们对自己所做的承诺产生冲突。每到这一时刻，我们会不自觉地矫枉过正，在无私与自私之间做选择——要不就失信于自己，要不就令依赖我们的人失望。责任感迫使我们将责任作为凡事第一优先的考虑，但除了黄金法则和"做正确的事"，好像也没有什么规则指导我们该如何应对。而在我看来，这根本就没有规则可循，因为每个人的情况都不相同。

有些时候，无私奉献是正确的也是高尚的。例如，加入家

族企业，而非追求未知但更刺激的职业道路；或者，为一份能够支付家庭账单的薪资，选择枯燥且令人讨厌的工作；再或者，因不想让家人背井离乡，拒绝一份有职业前景但在另一个城市生活的机会。我们在这份忠于自己所爱的人的责任感中是可以获得满足感的。

有些时候，忽视他人想法而把自己放在第一位也未尝不可。只是这种牺牲与妥协是痛苦的，也是代价高昂的。虽然这样的决定并不容易做，但它同样是荣光和必需的。就像著名记者赫伯特·贝亚德·斯沃普（Herbert Bayard Swope，1917 年首届普利策普通新闻报道奖得主）所说："我给不出一个必胜的成功法则，但我可以告诉你一个失败的公式，那就是无时无刻不在试图取悦所有人。"

4. 饱受想象力缺乏之苦的我们

对许多纠结于不知如何从两三个可行方案中选择出一条自己想要的人生之路的人来说，这种困扰合乎情理。因为还有一些人，别说两三个方案，想象一种人生路径对他们而言都是很困难的。

我曾经以为，将两个略有不同的想法融合成某种原创的东西就是创新。比如，以龙虾配牛排，就可称其为"海陆大餐"；或者，把 A 与 B 相加，就能得出 D。但某位颇有成就的艺术家告诉我，这样也未免把创新的门槛看得太低了。创新更像是把 A、F、L 融合，得出 Z。个体与个体之间的差异越大，视其为一个整体所需要的想象力就越大。我们之中，只有极为少数的人有能够把 A、F 和 L 融合得出 Z 的创造力；大多数人的创新能力处于把 A 与 B 相加得出 D 这个水平；而还有一些人，连对 A 与 B 相加会得出怎样的结果都无法想象。

你会选择本书来读，说明你对自我提升是好奇的。而好奇心正是我们激发想象力和勾勒新兴事物的必要条件。

如果你是美国人口中那 30% 拥有大学学位中的一员，你肯定知道从青少年时期就开始寻求的身份重启是什么样的感觉，一个全新的自我呈现，才有可能提高你在这个世界上拥有一席之地的概率。此时的你，对如何开始勾勒一个新的开始已经有了一定的了解。普利策小说奖获得者、《帝国瀑布》（*Empire Falls*）的作者理查德·拉索（Richard Russo）回忆他的大学时代时，曾写道："毕竟，大学是我们以崭新形象示人的地方；是切断自己与过去的连接，成为一直想成为的，但却被阻止尝试更多新鲜事物的人的地方。" 拉索将大学视为"进入证人保护计划"。你应该去尝试一两个新的身份。不过，这的确存在风险：不仅会违背初衷，而且进入过计划的这个人还非常容易被人辨识。

回想一下你高中的最后一年。我敢说，申请大学是你人生中第一次感受到对未来的掌控。虽然这一过程是在由申学顾问、考试机构、大学招生官员（更不用说还有你的父母）组成的联盟的严苛规范之下，但 18 岁的你还是有了主持大局的机会。你评估自己的优势与劣势，基于对学校距离、规模、声望、选择性、社会生活、气候、费用、奖学金，以及其他因素等基本问题的回答，你制定了选择标准，并以此确定想要申请多少所学校。然后，你提交个人简历和推荐信，并等待最终结果。如果你选择的第三所或第四所大学为你提供的财务支持明显优于你的第一选择，要么你有解决学费的方案（比如，靠贷款和打工完成大学学业），要么你就接受不是第一志愿的学校给你的奖学金。[⊖]

当你进入大学后赫然发现，高中时期无论你是舞会皇后还是班上小丑、是社交宠儿还是宅男极客，大学都是你抹掉青春懵懂，重写剧本的好机会。就像拉索建议的那样，你可以依据你大学毕业后所获得的身份认同，与四年前那个刚入学的你相比较来准确衡量你大学生活的成败。只要你这样重启自己一次，以后，都可以再重启。

5. 被变化的速度所困扰的我们

如果对这个社会提出某种主张是我工作内容的一部分（但并不是），那么，我会自信地分享我从奇点大学首席执行官罗

⊖ 倘若最坏的情况发生，除了你的保险学校，你被所有首选学校拒绝，你也会学到能有多快接受现实，以及与只有一个选择的"悲剧"和解。这是你从"当生活给了你一只柠檬，你就把它做成一杯柠檬汁"中所得到的收获；也是我们将在第4章针对当你面对只有一个选择时，你开始体验因别无选择而必须采取行动的详细探讨。

布·内尔（Rob Nail）那里学到的：

你今天体验到的节奏变化将是你余生所经历的变化中速度最慢的。

换句话说，今天意味着慢，明天代表着快。因此，如果你还抱着老式的想法，幻想未来的某一天完成了一个"紧急"项目后，或者当孩子们都长大了，日常生活回归平静，生活的节奏和变化的速度就可以轻松且自由，你就可以回到慢的节奏中去，享有慢的时光。这样的期许无异于自欺欺人，不管是何种状况，都永远不会发生。因为，还没等你和你的工作伙伴为项目的完成而庆贺，新的紧急项目又会出现（请相信我），你也终于意识到"紧急"是你的新常态；忙碌的家庭生活也是如此，不会随着孩子们长大或已离家而慢下来，它就像一个滚滚前进的车轮，总有一些事情需要你立即去处理。

很多年前在曼哈顿，我叫了一辆出租车送我去机场。司机以 20 英里（1 英里 =1.609 千米）的时速缓缓驶过市中心，出了城，在时速要求每小时 55 英里的路上，他也只加速到 35 英里。当我问他是否可以开快点时，他拒绝道："我就是这样开车的，如果你不愿意，现在我可以停下来让你下去。" 他好像是在另一时空学习的开车，从没有注意到汽车的性能已变得更快，路况变得更好，乘客们也更着急。

未能适应变化的速度给我们造成的阻碍和缺乏想象力是一样的，它令我们无法理解周遭正在发生的事情。倘若我们跟不上时代的步伐，就会陷入抓狂困惑、落于人后的境地，自然，我们也就活在了别人的过去里。

6. 沉迷于替代生活模式的我们

当我质问马克·特尔塞克什么时候才能开始过自己的生活时，已能够直指问题的核心："你为什么过着别人的生活？"因为，这是过去 20 年我观察到的一种令人极为不安的榨取灵魂的生活方式。社交媒体和各种科技的进步，给了我们大量的机会按照别人的方式过活，而非拥有自己的生活。毫不相干的人在社交媒体上的搔首弄姿也能打动我们，不仅如此，有时我们还刻意迎合和回应他们，以期得到关注，全然不顾这些人并不会像我们关注他们那样在意我们。替代生活，看似是同一枚硬币，实则是不同的两面。而更加荒谬的是，我们从亲自玩电子游戏（对现实生活的一种模拟）发展到花钱看精英玩家在我们最喜欢的电子游戏中互相竞争。我们已经从自己旁观，过渡到旁观别人做我们旁观的事。

为了寻求短期快感，牺牲长期的目标与追求，沉迷于由脸书、推特和 Instagram 等科技手段创造出的多巴胺反馈循环之中，是无益的。就像变化的速度一样，我认为，这一社会问题不会因为大多数人突然停止使用这些诱人的社交工具而弱化。所以，唯有我们自己能够控制在多大程度上允许这种替代生活模式影响我们自己。

这种替代生活的趋势所造成的损害，就是令我们的注意力更加分散。我们不再专注于我们应该做的事情，而是应了艾略特的那句名言："因散心之物散心，心愈发散乱。"但这也不仅仅全是社交媒体的错，我们的整个世界如同一个运转着的分散注意力的引擎。在一个阳光明媚的日子，电视里正播着棒球比赛，收音机里传来一段突发新闻，紧接着是电话声、敲门声、家庭紧急状况，突然很想吃口甜甜圈……任何一个人或任何一件事都可以吸引我们的注意力，哄骗我们放下自己的事去做别人想让我们做的事。这就是没有自己生活的其中一个定义。

7. 恐惧赛道长短的我们

一位朋友告诉我这样一个故事：一个叫乔的人本想成为一名剧作家，但他在二十多岁时发现自己真正的爱好是葡萄酒。于是，乔转换赛道，成为一名葡萄酒专栏作家。他通过品尝葡萄酒并写出评论来获得报酬，而每一笔稿费的其中一部分都会被他用来给自己买酒。乔从20世纪70年代末开始从事评论工作，那时顶级好酒的价格尚未被亿万富翁们爆炒，有了这样的先机，他得以以记者微薄的收入收藏了将近15000瓶葡萄酒，并由此享誉葡萄酒界。他为人慷慨大方，从不吝啬手中的稀有珍藏，假如你邀请乔和他的妻子到家里吃饭，他一定会带上一瓶上好的葡萄酒，你却还傻傻地拒绝。他也被一流的酿酒师们列入仅有几位的鉴赏家名录，每一年他们这些鉴赏家都能得到限量的新酒供应。在乔六十多岁的某一天，他收到来自意大利最负盛名的嘉雅酒庄庄主兼酿酒师安杰洛·嘉雅（Angelo Gaja）的邀请，参加一年一度的产品预售会。但乔算了算并意识到，他要想品尝到嘉雅在这一年提供的葡萄酒，自己必须好好地活到 90 岁才有机会喝。于是，他马上给嘉雅打了电话，请求他从邀请名录上删除自己的名字，之后，又分别给其他酿酒师打了电话，告知他以后将不再参加任何品鉴会，在他的酒窖里的葡萄酒已足够他喝一辈子。作为葡萄酒收藏家，此时乔的赛道也到了尽头。

"赛道" 其实是我们为实现梦想而分配给自己的时间。我们中的一些人，像运动员、时装模特、芭蕾舞者，以及任何其他依靠体力或美貌的 "表演者" 们，可以像乔一样精确地计算出 "赛道" 的长度；美国的许多政治家都有任期期限，他们也清楚地知道自己有多少时间用来完成日程上的任务；而我们中的大多数人，像艺术家、医生、科学家、投资者、教师、作家、高管及其他脑力劳动者，也能根据自己能力和欲望来估算赛道的长度。剩下我们这些，就是没有足够信息来计算赛道长度，或者不知道它何时终止的人。

令赛道成为主要的障碍通常源于以下两种情况。一是在我们年轻的时候，多倾向于高估赛道的长度，尽管没什么钱，但时间却有的是，所以没有什么紧迫感。我们会拖延开始进入 "现实生活" 的时间，以便尝试各种不切实际的想法和一些引人入胜的东西。虽然，我们把时间花在所谓的 "间隔年" 上没有什么不对，但倘若我们优柔寡断或缺乏活力，很可能将 "间隔一年" 变成 "间隔十年"，或者更糟，变成 "间隔一生"。

另一个极端情况，也是更烦人的情况，就是当我们迈入老年时，我们会愚蠢地认为自己已经老了，没有足够时间实现下一个目标。我的那些行将退休的 CEO 客户们即是如此，物质生活已不再是他们的重心，他们也心甘情愿地传承权力。虽然心中仍向往有意义的生活，但鉴于对过去、现在和未来的意义的灾难性误解（我会在第 5 章做出更详细的解释），他们不再开启新的赛道。他们认为没有人会雇用或投资一个 65 岁的老人，因为市场上还有大把年轻有为的候选人○可供选择。他们盯着一个坏掉的钟表，自我暗示时间对他们来说已然停止。

成年人在任何年龄段，从 25 岁到 70 岁甚至更年长，都有可能错误地计算个人赛道的长度。比如，我所了解的 21 世纪的律师行业，就有这样一些年轻律师，他们在法学院学习了 3 年，在律所的非合伙人职位上浸泡了 6 年，到了 30 岁左右的年纪，意识到法律工作并不适合他们。但鉴于对职业前景从零开始的恐惧，尤其是在以下三个方面的纠结，常让他们失去转换赛道的机会：第一，将这段职业经历带给他们的失望当作灾难，而非实际的祝福（也难怪，他们对这份心生厌烦的工作本就一直逃避）；第二，无法想象下一个台阶；第三，不珍惜前方至少还有三分之二的成年生活在等着他们。其实，在面对很多赛道时，一些人只看到畏惧和胆怯，而我建议将它们视为生的希望。

父母的影响、责任与义务、心理的障碍、同龄人的压力、

○ 也不全是他们的错，人们确实倾向喜欢新鲜血液。

时间的匮乏、对惰性的执着，这些都是经年累积将我们困于原地，阻碍我们在新的赛道上迈出第一步的障碍。但这些障碍都只是临时的横亘，不是我们无法改写或替换的永久被取消资格的条件或信条，只要我们愿意推开它们，就可以继续向前。

人类所具有的互补属性，可以帮助我们找到合适的赛道。这一属性不是什么神秘的力量，而是存在于我们每个人内心中的潜能，如动力、能力、了解和信心，它们会在适合的条件下相互搅拌、融合，为我们创造出色彩斑斓的人生。因此，我们需要不时地提醒自己，唤醒这些潜能，帮助我们达成所愿。

章节练习

现在，让我们来打断一下既定程式。

这是一个帮助你理解你的既定程式的练习。现在，请你想象自己身处 6 岁的某一天，你的父母邀请了他们最好的朋友来吃饭。晚饭后，大人们都以为你已经上床睡觉了，其中一位客人询问究竟什么是你最喜欢的？

假设你的父母会直言以告：

- 列出你父母会用哪些形容词来描述 6 岁的你。
- 列出你会用哪些形容词描述今天的你。
- 如果有变化的话，会是什么？发生了怎样的变化？为什么会有这样的变化？

你从这个练习中学到了哪些有助于你计划余生的东西？

第3章
就绪清单

1976 年，27 岁的我完成了我的博士论文，我把动力、能力、了解和信心四种特质单独归纳出来，作为人们取得成功必备的认知和情感因素：

- 动力：我对它的定义是驱动我们每天早上起来，并去完成某个具体行动的力量。即使面对挫折与困难，我们依然初心不改。
- 能力：是指拥有实现目标所需的天赋与技能。
- 了解：是指知道什么事情应该做，应该怎么做，以及什么事情不应该做。
- 信心：是指无论以前做过，还是第一次尝试，都相信自己能够完成既定目标的决心。

直至今天，这四种特质仍是取得成功的关键要素（而非你认为的"纯属废话"）。从你我的技能包中拿走其中任何一项，失败的概率都会大大增加。还需谨记的是，它们都带有具体行动的属性。没有所谓有动力的人，因为没有任何一个人能够在所有事情上都表现得动力十足，人的动力与激情一定是投入在其所选择的事情上的。能力、了解和信心同样如此，它们都带有为某个具体目标服务的特质，没有任何人能够做到无所不能、无所不知，或者无时无刻自信满满。这是 1976 年，时年 27 岁的我的论点。作为高管教练在商界工作了 40 年之后我才明白，这四种特质还不足以勾勒出成功关键要素的全貌，我的论点虽没有错，但并不完整。

时间告诉我，成功不仅来自于渴望、天赋、智力与自信，还需要我们获得支持，以及我们要为每一项具体任务或目标找到被接纳的市场。

当然，能够提高我们成功机会的个人特质不胜枚举，如创造力、自律力、适应力、亲和力、同情心、幽默感、感恩之心、教育程度、时机把握的能力等。然而，每当不同年纪的客户找我咨询类似是走是留、新工作是否适合、下一步该做什么等重大职业决策时，我都会先问他们对以下 6 个问题的思考，如果没有得到满意的答案，我就不会开展下一步行动。这和医生做年度体检是一样的，测脉搏、量血压是必须先进行的基本步骤。

1.动力

动力是你为所选择的事情竭尽全力的理由，是驱使你成功的 "根本"。1979 年 8 月，泰德·肯尼迪（Ted Kennedy）向竞选连任的卡特总统发起挑战，尽管政治家们很少在初选时选择与同一党派的现任总统竞争，但当时的他被认为是击败卡特总统的热门人选。在接受哥伦比亚广播公司的罗杰·马德（Roger Mudd）访问时，肯尼迪正式宣布自己将参加竞选。那是一档广为人知的电视节目，罗杰以一个再明显不过的送分题开始他的采访："你为什么想成为总统？"但糟糕透顶的是，肯尼迪答非所问、语无伦次，没有给人们一个为他投票的理由。可以说，他的竞选还未开始就基本结束了。

与数百万观看采访的美国人一样，我记得当时我就在想："你想要成为美国总统，仅仅是为了实现自己的政治抱负，是远远不够的。你必须有清晰的思路和具体想要完成的事情，无论是修建公路，还是令孩童不再挨饿，抑或是降低利率（那年的利率徘徊在18%左右）。"但我们既没有听到他想得到这份工作的理由，也没有听到一旦入主白宫他将会怎么做。

动力无疑是推动目标实现的强劲燃料，但它一定不能与实现每个目标所需完成的具体任务相脱离。与实际脱离，是造成动力被误解，继而被误用的原因所在。每个星期我都会不止一次地听到人们对自己或所崇拜的人的描述："有十足动力取得成功"或"愿意成为一位好老板"（以及好老师、好父亲、好伙伴及其他普遍定义的成功角色）。但在此逻辑下谈"动力"毫无意义，因为没有谁会有动力"不愿成功"或"想成为一位糟糕的老板"。他们或许想表达的是"我渴望成功"或"我希望成为好老板"，但谁又不想呢？很显然，这些人混淆了动力与欲望的区别。

动力，不仅是因某个目标而被激发的情绪，更是一种高昂持久的情绪状态，驱使你完成实现目标所需的每一个具体任务。你说你有赚钱、减肥或讲一口流利中文的动力，即使你觉得是真实的，但也并非正确的表达，除非你为这一目标的实现所需的点点滴滴付出持久的努力。

对动力的真正检验是以事实为基础的。就好比你想在三个小时以内跑完马拉松，那么你是否具有在强大体力要求下完成所有必要训练的动力：每周六天早起，以完成足够的里程累积；改变饮食结构，最大限度地保障体能发挥；投入更多的时间在健身房，训练力量和灵活性，以减少受伤的机会；学习常识，知道身体何时需要休息与恢复。

如果没有这样具体的行动，空谈"动力"不过是自欺欺人。

作为帮助成功人士变得更好的教练，我的工作不是评判人们口中动力的对错，我的工作是帮助他们建立坚定的信念。生活中到处充满了似是而非的动力：对金钱、名声、晋升、奖赏、威望的渴望，或使我们更加努力，又或迫使我们自问"这就是生命的全部吗"；对我们所爱的人的那份责任，或让我们因响应了号召而自豪，又或因不得不做出牺牲而痛苦；过度自信及一厢情愿，要么推动我们超出预期（一定是收获惊喜），要么让我们对自己的愚蠢感到费解（"我当时是怎么想的"）。但我们又该凭何识别动力之真伪？

当构建自己想要的生活时，对动力的误解、对成就意愿的高估是需直面的两个起决定性作用的错误。但对一些可避免的错误，我们要有所预见，以便帮助自己找到真正的动力。

动力是战略，而非战术。动机是我们将以某种方式行事的原因，而动力则是我们持续以这种方式行事的理由。在一个阳光明媚的下午，你冲动地去跑一次步以排解压力，与因为想健身或瘦身或为比赛训练而选择每周跑步 6 天是有本质区别的。在识别自己的动力时，你要依据它的长期可持续性，以及你应对风险、不安全感、被拒绝和遭遇困难时持续的实际能力去判断。在这里，你不妨回答如下两个问题：你此前是如何应对逆境的？为什么这一次会有所不同？

你可以多个动力并举。乔伊斯·卡罗尔·欧茨（Joyce Carol Oates），美国杰出的女作家，在她的随笔《我相信》（*This I Believe*）中识别了自己写作的原因不止 1 个，而是有 5 个：①纪念（纪念这个世界上我曾经生活过的某个地方）；②见证，因为大多数人自己不会做那样的事；③自我表达，作为对青春的"保留"及与成年生活的和解；④宣扬（或"启发"），以"唤起"人们对她笔下人物的共情；⑤对实体书这一美学对象的热爱。当一个动力缺失时，另外的动力也会帮助她继续写作。成功人士可以在他们的脑海里同时保有两个或多个对立的想法，你的动力也可如此。

惰性不是动力。我知道佛罗里达的退休人士几乎每天都要去打高尔夫球。是对这项运动的热爱，还是对低杆数的渴望，驱使他们甘愿花如此多的时间在偌大的草坪上追逐一颗小白球；或只是源于惰性，因为没有更好的想法度过自己的一天。如果你发现自己每天都过着同样的日子，那么请你也问问自己同样的问题：我现在所过的生活，就是为了寻找成就感而做出的选择还是我想象不出有什么替代方案可构建新的生活？请诚实回答，但很有可能，真相痛苦得让你无法接受。

那么，我们如何能瞄准一个目标全力以赴呢？经验告诉我，至少有一个放之四海而皆准的动力，可确保帮助我们厘清真正的渴望，拥有丰盈的生活，那就是：**我想拥有身心富足、鲜有遗憾的人生。**

2. 能力

你的能力是成功完成你所选择的任务所需的技能水平。理想情况下，你是知道自己擅长什么及不擅长什么的。你愿意接受超出自己能力范围的任务说明你想进步，否则，你大可留在能力范围之内。如果说你拥有的某项超凡技能令你与众不同，那它一定与动力有着紧密的联系。在自己擅长的事情上保有持续的动力不应该是一个问题，然而，实际情况却不是这样。

我的朋友向珊殷是杜克大学富卡商学院老 K 教练领导力与伦理中心的创始执行主任。她认为我们每个人都至少拥有一项自己不觉得有什么特别之处，但当发现其他人不具备时还大为不解的技能，她称其为"天赋之责"。像绝对的音准、超自然的手眼协调、惊人的步速、听一遍肯德里克·拉马尔（Kendrick Lamar）的歌就能一字不差地重复，珊殷表示，拥有如此天赋是一种责任。但就因为它对我们来说与生俱来、易如反掌，结果反而不被我们珍惜。也正是如此，我们错过了很多让自己熠熠生辉的时刻。就像我们拥有某种超能力，但却从不使用它。

这真是令人沮丧的洞察。如果不去拥抱这些与生俱来的能力，我们还有什么可选的吗？在能力匮乏，或是处于中等水平，或是毫无特殊之处的任何领域创造职业的辉煌，我都不建议。

我们对"能力"的定义过于狭隘，好像它只存在于两个极端，要么拥有超凡天赋，要么具备完成工作所需的最低技能。其实，情感和心理因素，如性格、毅力、说服力、沉着和冷静，也对能力的构建起着同等重要的作用。比如，无论销售话术多么精妙绝伦，或者演技多么精湛动人，应对拒绝是销售人员和演员的一项关键技能。再比如，肿瘤学家在无法保证自己的努力一定会带来突破性进展的情况下，也愿意在实验室花上几十年时间测试，以及等待癌症治疗方案的效果。定义他们能否找到治疗方法的能力，是源于他们一次又一次对失败的英勇反抗，而非生物化学方面的专业知识。如果你想以写小说为生，愿意日复一日地独处于书桌前，这种能力和你构建情节、人物与对话一样重要。引领你每天清晨来到书桌前的是你那份享受孤独的愉悦。

我的母亲在20世纪50年代至70年代在肯塔基州郊区的一所学校担任小学老师。当她填写学生的成绩单时，有四个评分标准：成绩，努力，行为，外加一个"出勤率"。那时的教育工作者似乎都知道，学生的能力不仅仅是掌握考试中的正确答案。积极努力、行为端正、准时出勤也是一个好学生必备的能力，这些对成年后的我们来说，也格外重要。我们的能力不单纯只是天赋，它是技能与个性的组合，必须与我们想要过的生活相匹配。

3. 了解

了解是指你具备知道做什么和怎么做的知识。我的博士论文，聚焦研究的是群体行为。我从角色认知的角度入手，通过秩序与等级的棱镜来看待了解。人们了解他们在层级结构中的角色？例如，作为一名工程师，你的能力虽有所不同，但和同部门其他工程师也相差无几，你和他们一样，就是大机器上的一个齿轮。50 年前我们就是以那样的角度研究组织行为方式的，在那种情况下，"了解"意味着你被预期是知道自己在机器上的某个特定职责的，你不能偏离你的岗位要求，你和你的上级对你这个角色所应完成的工作没有任何误解。你始终恪守在自己的赛道上，虽然有时这条赛道复杂又拥挤。比如，对急诊室的医生或警察来说就是如此。他们每个人在值班时都需身兼数职，扮演不同的角色。然而优秀的急诊医生都明白，他的工作就是减轻人们的疼痛和修复损伤；优秀的警察也有自己的职责，他的职责就是保证人们的安全。他们都坚守在自己的底线之内。

但当我开始与高管们进行一对一辅导，以提升他们的人际交往能力时，我的视角改变了。角色定义依然重要，但被称为"软能力"的特质也同样重要。如把握时机、感激、善良、倾听，以及最重要的就是对这些"金科玉律"的信任。这些价值观在任何情况下都能为我们保驾护航，包括追求我们想要的丰盈生活。令我意识到这一点的改变，是在经历了一次虽然很小但很痛苦的教训之后。

我被一家保险公司邀请在他们的大客户经理的晚宴上发言，可我完全误读了我的听众。对一个正遭遇公司业绩严重下滑的团队来说，我幽默诙谐的讲话太不合时宜了。

果然，CEO 直言我冒犯了他和他的团队，对他来说那是个失望透顶的夜晚。（他的批评既尖锐又痛苦）当然，错全在我，我误解了自己的角色，以为自己既是老师又是演员，而实际上我就是公司的客人，那才是我的角色，而我自以为是地穿着一双泥鞋走入别人的家。这就是典型的因不了解而犯的错误。

在这种情况下，唯有"软能力"能够挽救局面。我需要关注的是 CEO 的失望而非自己的羞愧，审时度势，搞清楚当下的状况，真正读懂站在我面前的这位 CEO。我想过提供一次免费的演讲，但鉴于我的表现，估计 CEO 没什么心情谈下一次的事情；我也想过什么都不做，指望时间来治愈一切。但就在一瞬间，我记起了那句至理名言：客户会原谅任何问题，如果他们能看到你真正的关心并迅速地纠正。"金科玉律"在那一刻开始发挥作用。我在想，如果角色互换，我是那个气愤的 CEO，我会期望什么？我知道我应该怎么做了。虽然演讲的费用非常可观，抵得上一些人一年的收入，但我向 CEO 坦言道："我需要为这次失误负责。"几天之后，当收到寄来的支票，我写了一封道歉信连同支票一起退还给了该公司。我明白，我们两个人都需要一个得体的方式结束这件事，而我比他更需要。

了解的一部分还包括知道好与不够好的区别，以及接受在任何情况下，我们都有可能做得好或者不够好。

4．信心

信心是你相信自己能够成功的信念。你通过训练获得了改变的魔法，通过日复一日的重复和稳定的改进，取得了一个又一个成功，每一个都是下一个成功的资粮。当我们面对一个我们曾经成功克服过的挑战时，比如一次公众演讲，就是最常感到自信的时候。只要是他人所不具备的特殊技能，即使有时不那么被人在乎，也是一份自信之源。我曾经问过一个马拉松运动员朋友，他并非精英，但在比赛中是其他业余选手关注的对象。他总是全情投入到自己的训练中，我问他每周要跑多少英里（1 英里 =1.609 千米）才能达到目标，他说："里程不是重点，重点在于提升速度，速度的提升能够让你在关键时刻具备超越任何跑者的信心。速度提振了信心，信心让你拥有更快的速度。"

我知道，在高尔夫或棒球等技巧性运动中，信心是必不可少的。体育史上不乏因信心丧失一夜之间就找不到球道或无法打出本垒弧线球的运动员。但我从来没有想过，对长跑运动来说信心也同样重要。因为长跑给我的印象是拼耐力的运动项目，而非技能型运动。但我认为我的朋友的观点是对的，当你拥有速度并有信心可以随时提速时，你其实就是创造了一个正向反馈环，即速度越快，信心越强。

这就是信心的魅力所在。它是你所有其他积极品质和选择的产物，而它们也将使你在这些领域更加强大。总的来说，如果你兼备了动力、能力并对各方面足够了解，但却缺乏信心，是非常可惜的，也几乎是不可原谅的。你要为自己拥有自信而去努力。

5．支持

支持是你取得成功所需的外部帮助。支持你的人像骑兵一样是你的救援队。你主要可以通过三种途径获得资源：

第一类支持来自你所在的组织。他们以资金、设备、办公空间，以及任何你认为有价值的形式来支持你。在资源有限的组织中类似的支持并不容易获得，因此，你要为赢得你的一席之地努力奋斗。

第二类支持来自个人。他们通过给予你方向、辅导、指引、授权，或帮你建立信心来帮助你。这些支持者可以是你的老师、导师、老板，或者是某个对你印象不错的权威人士。在我看来，你若能获得对你印象不错的权威人士的支持，不失为最大的职业运气（但你必须对你的运气心怀感激）。我曾经问过一家大型律师事务所里最年轻的合伙人是如何在 35 岁之前就成为该事务所的负责人的？他说："我之所以离开之前的律所，是因为一个负能量的上司，他对我怀有很深的敌意。而到了这里，我的合伙人正好相反。从我报道的第一天起他就告诉我，他有一个五年之后退休的计划，并希望我成为他的继任者。是他的支持让一切都变得不同。"

第三类支持来自某个确定的群体。群体支持的重点不是需要他们的帮助来实现我们的目标，而是我们有多么不愿意承认我们需要帮助。当我们把动力、能力、了解和信心看作成功的首要条件时，这种否认是有道理的。我们无视外界的影响，像一名独唱演员一样，私下静静地提升这些能力。对于想通过努力奋斗拥有丰盈人生的我们，拒绝群体的帮助也是说得通的。"通过努力而赚取"的一些东西，无论是获得加薪、赢得尊重，还是我们整个人生，都是自己争取和自我实现的。不靠任何人的帮助取得成功，好像更加荣耀与光荣。

然而，我可以说这是一种不切实际的妄念。人人都需要帮助，接受这一事实是智慧的体现，而非软弱的表现。依此行事更是一项非常重要的技能，尤其对独立执业者或自由职业者而言。在组织中，像公司、政府或非营利组织，你的群体支持已经被设计在组织架构之中。比如，首席执行官有一个董事会、经理们有他们的每周会议，而支持型员工也会有自己的办法，本能地形成小团体以相互支持。只要你需要反馈、建议和鼓励，那它们总在那里。当某位离开企业的创业者说"怀念同事之情"时，实际上他在怀念大组织中曾得到的支持。

我在这里分享那些超级成功人士并非不能见光的秘密：我认识的聪明且富有成就的人，都热衷于建立自己的支持团体，也最依赖自己的团体（而且他们并不羞于承认这一点）。我对此了解是因为他们中的一些人就是我的教练对象，加入他们的支持团体也是我工作的一部分。我看到他们经常翻越组织的藩篱去寻求意见与安慰，我也看到他们如何采纳这些建议，以及这些建议与他们成功的直接关系。对这些成功人士来说，支持团体就像一个更快的齿轮，让事情更加顺利。如果群体支持对他们如此有用，为什么你不这样做，让他们对你也有所帮助呢？

你的支持团体可以包括任何人，甚至是一个到两个家庭成员。六个人是一个可管理的人数，超过这个数字，支持就会变得重复或混乱。你甚至可以在不同场合拥有不同的支持团队，这取决于你生活的多样性和多变性。支持团队里的人也可以变化，因为随着时间的推移，你和周遭的世界都在发生改变。我唯一的告诫就是：永远不要让自己成为团体中最令人钦佩或最成功的人（你在寻求帮助，而不是建立一个粉丝群）。当然，你也不要成为团队中最没有成就的那个人，处在团体的中间位置是最适宜的。

6. 市场

我多次见到，可以说是司空见惯，在同一个家庭长大、在同一个学校接受教育的一对姐弟，有着完全不同的职业目标。姐姐想成为一名拥有高级学位的专业人士，比如工程师。而弟弟也同样专注或志向勃勃，但他选择的是一条不那么好走的路去实现梦想，比如不去就读传统的大学，而去做一名手工制刀人。未来工程师的姐姐顺利完成了她的学业，进入了一个完善的工业生态系统。尽管，这对她所拥有的技能而言是一个竞争激烈的市场，但也是一个由制造商、高科技公司和设计公司所组成的稳健市场，他们对工程师的需求是存在的，所以她的技能可以帮助她顺利进入职场。但市场对手工制刀人则不然，如果时机不对，他很可能在职业生涯的开端就面临技术落后或行业正被某些创新打破的境况，本应张开双臂迎接他的市场比他想象的更无序，更容易受到消费者偏好变化的影响，甚至极有可能就在他的眼前消失。

来自同一个家庭的两个人，都清楚地知道自己想要的生活，都为之努力和创造，但结果截然不同，这反映出的是市场对各自技能需求的不同。

追求自己最热切的梦想而无须考虑生计，确实是很浪漫的想法。但事实是，我们中的绝大多数人都需要赚钱谋生，以支付账单和养家糊口。而且，无论是出于养育的需要还是个人的意愿，大多数人都难免将成就感和自尊心与获得物质报酬的多少做关联。除非我们是富二代，继承了一笔财富，否则只有在一个职业中实现了财务自由之后，才可能奢侈地从事一个新的、不把赚钱摆在第一位的职业。任何一个依赖薪水的人都明白这一点。

然而，每天都有成千上万的美国人或选择开始创业，或回到学校，或搬去别的城市，或辞去舒适的工作，从事自己喜欢的事情。这些希望通过自身努力改善生活前景的人们却鲜少会问自己这样一个残酷的问题：如果我创业，如果我获得了更高的学位，如果我搬到了新的城市，如果我离开了大公司，我的产品或服务有市场吗？几年前，我最好的一个朋友就犯了这样的错误。作为一家顶级咨询公司的一流战略专家，当时正拿着七位数的薪水，但他坚持认为自己独立出来会做得更好。他的支持团队中的几个人（包括我）都提醒他离开大公司明显是有风险的，也就是说，他在大机构依靠自己的地位所累积的信誉和客户，会因他转而经营自己的业务而瞬间缩水。他不相信我们的劝告，不幸的是，市场果然拒绝了他，他认为的那些会跟随他的大客户们最终选择留在原来的大企业里。从此，他一蹶不振。

如果你所提供的东西没有市场（而且你碰巧不是一个有非凡远见，能够凭空创造一个崭新行业的人），即使你有能力、信心和庞大的支持团队，都很难克服这一障碍。正如前美国职棒大联盟选手尤吉·贝拉（Yogi Berra）所说："如果球迷们不愿到球场来看球，没有人可以阻止他们。"

以上就是在面对任何任务或目标时，你用于衡量胜算所必须考虑的四个内部因素和两个外部因素。一流的厨师会对"一切都在这里"的概念推崇备至，这是烹饪过程中的第一个关键因素，即事先准备好烹饪菜肴所需的所有原料、器具和配比。只有所有基材都准备好了，才可以开始。"就位准备"像大多数检查表一样，是一个一目了然的管理工具，但同时，它也是一种心态，锚定厨师的动力、能力、了解，以及最重要的信心。在一切就绪的情况下，厨师就可以自由地创造和做他最擅长的事情：化腐朽为神奇，把普通的原料变成一道无比美味的菜肴。因此，我也建议你，在接受任何重要的挑战之前，依据这个"就位准备"清单，诚实地予以测试：我真的有动力去做这件事吗？我能够胜任吗？我了解这项工作对我的能力要求吗？我过去的成功是否能给予我信心，这次我也一定能行？我有支持者吗？我的努力是否被市场认可？

这六要素相辅相成、相互促进，缺一不可。你不可以在其中五个方面很强，剩下一个却很弱。每一个要素都应足够宽泛，可以涵盖你所需要的具体特质，在你面对重大改变时，可帮你用这样一套理想的基本问题集与自己对话，以检查这六要素间的一致性。我以我和我的朋友——从事意大利面酱生意的玛丽——三年前就这六要素清单的对话作为例子，教你判断她是否做到了让六要素相互关联。玛丽是一名退了休的食品专业人士，她自制的酱料非常受欢迎，因此朋友们鼓励她一直做下去："你应该把它作为产品销售。" 所以，她开始创业。

动力："我从制作被客户喜欢和欣赏的特殊产品中找到了乐趣，我这样做是为了得到他们的认可，而不是为了钱，至少现在还不是。"

能力："我大学毕业后的第一份工作就是为食品公司研发配方，我懂得如何写出一个食谱以及开发一些真正的新东西。"

了解："没有人天生就知道如何创业，一定是边走边学。我遵循'愚人法则'：被骗一次，其错在人；被骗两次，其错在己。"

信心："我已经开发了三种单品，我们将其称为一个品牌的产品系列。我没有任何理由不期待第四个、第五个想法的出现，它们一定会陆续出现。"

支持："我们去年参加了一个孵化项目竞赛，我们是被选中的五家小微企业之一，将接受食品行业专家为期六个月的指导。这主要是为了吸引投资者，虽然我们对此还不感兴趣，但当我不懂的时候，我可以给我的导师们打电话。"

市场："人们总是需要预制的酱汁，配合他们撒在意大利面和比萨饼上的胡椒粉和辣椒面。我们的目标客户是高档餐厅，这是我们的细分市场，我不需要每个人都买我们的产品，只需要市场上的一部分人就够了，而我相信这些人也正在找我们。"

然后我问玛丽，她是否感到了六要素的相辅相成。她说："一致性是我马上就能感觉到的东西，因为我已享受其中，并为之投入了两年。当我们有了一点收益的时候，我开始考虑，如果我还不拿工资，那么我做所有这些工作的意义是什么？我最终的目标又是什么？其中一位导师告诉我，创业公司的目标要么是稳定的利润增长，要么是被收购。因此，我决定我们的目标是让别人收购我们，然后可以有更多的资源持续做大做强。这样决定后，我的目标更加清晰了，我再次感觉到内外的一致性。"

玛丽给出了正确答案，那么你呢？你能说你现在的生活也是如此吗？

章节练习

找到你的毗邻关系

一名成功的摄影师可以在人到中年时转做电影摄影师或导演，但大概率上很难成为脑外科医生。电影摄影师和导演具有的能力和知识，与摄影工作（也是和相机、人和想法一起工作）是毗邻的，而神经外科则是完全不同的领域。因此，当我们为创造自己的丰盈人生而练习这个六要素清单时，毗邻关系也是一个重要的考量点。

如果将动力、能力、了解、信心、支持和市场之间的相辅相成视为必备因素，那么，毗邻关系是一个最好具备的因素。

当我们对自己目前的生活或事业感到沮丧，渴望多一些令人开心的事情发生时，想象一个与我们目前困境相差 180 度的生活，情感上多少会得到些慰藉。不过成功的概率总是倾向那些不会与自己的专长、经验、人脉偏离太远的人。当然，这并不是说我们只能尝试细微且渐进的改变。变化可以是巨大的，但它需要相关性，即与自己可追溯的成功路径有着一定的联系，无论多么间接。

　　在我所认识的人里面，吉姆·金勇是拥有最强大脑的那个人。他是哈佛大学医学和人类学的双料博士，是全球健康和传染病专家。他还是健康合作伙伴的联合创始人、哈佛医学院系主任、世界卫生组织人类免疫缺陷病毒与艾滋病部门主任、麦克阿瑟"天才奖"获得者，以及全球最具影响力领导者年度名单上的常客。这多少能解释 2009 年为什么达特茅斯学院在他 50 岁的时候，希望由他继任下一任校长。我们一起讨论了接任的利弊。一方面，如果去达特茅斯，他需要和教职员工、捐赠者及众所周知的难缠的学生团体打交道，这和他在应对公共卫生危机方面的经验大相径庭。不过另一方面，他无往不利，只要是尝试的事情，他就能取得成功。况且，他对学术和常春藤联盟也很熟悉，更重要的是，这份工作离家很近，这对他正处在成长期的两个孩子非常有利。这份新工作看上去是一份很有趣的挑战，我力劝他接受。

　　但显然我忘记把毗邻关系考虑在内。这个新岗位并没有足够发挥他的科学专长，也不能像以往的岗位一样激励他。虽然，他可以胜任这份工作，也喜欢达特茅斯学院及其学生，但他的才能并未得到全面施展。

　　任职三年后，世界银行组织希望他来接管位于华盛顿特区的这个庞然大物。我们就接任的利弊又一次做了讨论。乍看起来，鉴于他对国际金融知之甚少，相比于大学校长的经验，世界银行行长听起来与毗邻关系理论的差异更大。但世界银行不是像摩根大通那样的金融机构，它是一个全球性的合作组织，负责分配资金以帮助发展中国家消除贫困。全球性、合伙人、贫困，是定义吉姆·金勇未来生活的关键词，而在他的心目中，贫穷和公共卫生危机不仅是相邻的，甚至就是一样的。如果他接受这份工作，他会重新调整世界银行的使命，通过消除弱势群体多发疾病来减少贫困。这一次我无须再说服他采取行动，因为他知道他能够胜任。在他为世界银行工作的七年间，据估计，由他主导的这个项目至少挽救了 2000 万人的生命。而我，很显然，未能为自己的简历添光增彩。

大多时候，我们对自己的能力与所面临的机会呈毗邻关系是有感知的。通常，在我们的下一个机会看上去被延伸得很远，与过去的自己和想成为的人严重背离时，毗邻性才难以捉摸。但只要毗邻关系是存在的，我们一旦找到它，延伸马上就会变得有意义。想要发现你与你正在创造的生活的毗邻关系，你必须找到对你新生活的成功至关重要的自身资产。举个例子，50 年前，职业运动员或教练员在退役后转而从事体育转播工作似乎是一个相去甚远的延伸。其实不然，一旦电视台主管认为这些人真正了解他们的运动项目，以及有资格在镜头前与现役运动员交流，毗邻关系就出现了。运动员们精通自己的运动，他们擅长的是内容，而非直播的技巧，但后者可以在工作中学到。

请完成以下练习：

列出三个月里，你在职场中最常交流的二十几个人。你是否就自己某个突出的技能或个人的品质，与名单上你最钦佩的人分享过？如果有，它是一项可以让你在一个完全不同的领域走得更远的技能吗？也就是说，你想成为的自己和你曾经的自己有连接吗？一家广告公司的创意总监，乍一看，并不像是接受过与编辑相关的严格培训。但一旦你接纳了两者之间的毗邻关系，就会感到个中的意义：这两个角色都需要具备讲故事的天赋。销售技巧也是如此，如果你具备销售能力，那么你就有机会从事任何需要说服和使人愿意为之买单的职业。一旦你欣赏自己那有别于其他人的特殊品质，你也就能看到通过发挥这些技能可能获得的机会，毗邻关系极大地拓宽了你的选择。

第 4 章
别无选择的力量

　　只要有可能，我就尽量避免做选择。我的衣柜里有一格放了超过 50 件绿色马球衫，另一格是配套的 27 条卡其裤，地上有 6 双棕色皮革乐福鞋，根据新旧可以看出我穿了它们多久。[○]

　　绿色马球衫、卡其裤和乐福鞋，如果你见过 1976 年的航空工程师，那就是我工作服的样子。有意识地只穿同样的衣服，是在接受《纽约客》杂志的拉里萨·麦克法夸尔（Larissa MacFarquhar）采访之后。她留意到我的固定穿着，然后就以这样的形象向读者介绍我。很快，读到过这篇采访的人，若没有看到我穿绿色马球衫和卡其裤，就会感到失望。刚开始我也是有意为之的，不过后来意识到只穿这身行头真是一种解放，

　　○　几年前，我在家接待了来自贝尔集团南方片区的三位高管，我带他们参观了我的家，包括我的衣柜。当他们看到一排相同的卡其裤时，我听到其中一位高管对其他人说："谢天谢地，我一直以为他只有一条裤子。"

我再也不必为每周三次到四次出差时该穿什么而烦心。不管什么会议或受众是谁，我都穿着统一的绿色马球衫和卡其裤，不会有第二个选择让我分心。在我的这个由企业高管和人力资源专业人士组成的小小世界里，固定配搭逐渐成为我的标志，就像老虎伍兹总在周日决赛中穿红色衬衫和深色裤子一样（请原谅我与之相比的狂妄）。但与伍兹不同的是，我不是在塑造什么个人品牌，只是举一个因不做选择而获得自由的小例子。

避免选择，至少是避免那些对我来说无关紧要的小选择，已逐渐成为我的优先级之一。我非常愿意把时间留给那些付出努力以寻求我的帮助的陌生人。我跟自己说："反正这又不会让我变傻。"当我需要一位新助手时，我就聘请第一个符合要求的面试者；当我到餐厅吃饭，我就会问服务员："你有什么推荐？"（这样做还有一个额外的好处，那就是避免买方悔意。你用不着为一个不是你做的决定而后悔。）

这样做并非懒惰或优柔寡断，而是一种有意识的练习，学会忽略那些无关轻重的选择，以将节省的脑细胞用来应对一天中可能出现的重大决定：比如，同意接收一位新的教练对象，承诺为期 18 个月的陪伴。有些人，如首席执行官、电影导演和室内设计师，是喜欢做选择的一类人：享受在一项收购案中投赞成票或反对票；喜欢对演员的头发长度做要求；喜欢对墙漆的灰色是哪一种具体色调做出指示。但我不喜欢，也许你也一样。

大量研究表明，做选择的过程可能代表了每天你最大的精神能量消耗——随着能量的枯竭，最终导致做出错误的决定。从选择早餐吃什么，到仓促决定接还是不接电话，再到为想买的车做研究、试驾和与销售经理讨价还价，都是耗时且常常令人神经紧张的过程。不难发现，我们的一天，其实是被自己的选择[⊖]主宰的一天。

但我们生活的世界就是选择的世界。因此，若想拥有丰盈的人生，我们必须以更广的视野来看待尺度、自律与牺牲。

20 世纪 60 年代，我在山谷站就读初中。十年级的英语老师在留阅读作业时都要求我们写一篇作文，主题可以自由选择，但必须与刚读完的书、戏剧或短篇小说有关，她称之为"自由发挥"。但到了十一年级，我们新的英语老师也布置了类似的训练，只是题目由他指定。我问他为什么不让我们自由发挥，他说："我这样做是在帮大多数同学的忙啊，他们抱怨说一年下来已经没有什么可写的主题了，自由选择是他们最不喜欢的。"

几十年来我再未想起过那位老师，直到 2006 年，另外一位老师艾伦·穆拉利，向我介绍他成为福特汽车首席执行官后推

⊖ 若我要求你记录下你在一天以内做出的所有选择（当然，从你决定接受或拒绝这个要求开始，然后你开始选择用纸、笔记本或电脑来记录；接着就是笔的颜色，如果你选择了钢笔而不是铅笔来做记录……现在，你明白我的意思了吧），一天之内你估计会做多少个选择？这里给你一个小的提示：我这样一个避免选择的极端主义者，当每天下午 4 点前我的选择数达到 300 个时，就不做计算和记录了。

行的商业计划回顾（BPR）会议时。BPR 会议每周召开一次，公司 16 位高管必须出席，若不能到场，也必须通过电话会议参加，不得找人替代。每周四早上 7 点，在密歇根州迪尔伯恩福特总部的雷鸟会议室，艾伦都会以同样的方式在这个结构严谨的周会议做开场："我是艾伦·穆拉利，福特汽车公司的CEO，我们的使命是……"然后，他会就母公司的五年业务计划、预测和业绩，以图表的方式，按他所要求的颜色——绿色（按计划执行中）、黄色（修正中，未按计划执行）、红色（落后于计划），在规定时间的 5 分钟内进行详细的介绍。之后，每位管理者按照艾伦的格式要求依次进行汇报：他们的名字、职务、项目计划，以及以颜色区分的进度评分。个人汇报也都需要在 5 分钟内完成。同时，艾伦要求会议是以礼貌及集体合议的形式进行的：不评判、不批评、不打断、不嘲讽。可以轻松幽默，但绝不取笑他人。BPR 会议提倡的是快乐与安全的心理空间。

刚开始，福特公司的高管们不愿相信 BPR 会议是一个不批评、不嘲讽、不评判的安全区。因害怕被同事嘲笑，个个逃避以红色标注项目进度。

在第一次的周例会上，艾伦就强调了不嘲讽原则，所有高管也都接收到了这一信息。但在报告中标红，即承认他们所管理的部门存在不足，需要更长的时间完成进度。没有人愿意测试艾伦所承诺的透明和绝不事后算账。艾伦上任一个月后的一次会议，当看到北美负责人报告的加拿大一个生产线关闭项目出现第一个红点时，艾伦站了起来，为他的诚实和勇气鼓掌。艾伦的这一反馈久久弥漫在会议室里，那一刻，艾伦知道，他打动了他的核心团队。当然，还不是全部的人。

除了两小时的周四会议，每周还有 166 小时，艾伦都留给了他的团队自由支配。他给大家提供的是服务，而非事无巨细的管理。继而，他相信，他在 BPR 会议上要求的透明与行事得体，最终会渗透到整个福特，这个过程也是文化重塑的开始。不过，有两位高管告诉他，他们无法认同他的哲学，选择这样做的人实际是虚假的和不真实的。他很抱歉他们这样理解，但这是他们的选择，不是他的。这两位高管明白规则就是规则，没有人可以例外。虽然艾伦并没有因此让他们离开，但他们还是自己炒了自己的鱿鱼。

读过我的《自律力：创建持久的行为习惯，成为你想成为的人》的读者一定注意到了，这并不是我第一次大篇幅地介绍艾伦·穆拉利的管理方式。我认为，他的 BPR 会议是一个非常出色的管理工具，是我知道的最佳的将既定计划与实际执行有效统一的策略。这一令人各司其职且承担责任的妙招，值得更多的管理者效仿。但近年来我更多地意识到 BPR 会议的管理模式在心理方面的价值，它鞭辟入里地道明：对做出的选择负责远比做出选择重要。这尤其切合赢得丰盈人生的背景。

艾伦针对 BPR 会议的行事规则，不是当高管们最初有畏惧情绪时试图严苛地控制他们，他给新团队的是一份礼物，是被我称为的"别无选择的力量"。他们要么以积极的方式跟上节奏，要么就去看别的工作机会，这听起来好像是艾伦为他们提供了二元选择。其实不然，因为早在艾伦召开第一次 BPR 会议之前，高管们也可做出离开福特凭借自己的能力找到新工作的决定。艾伦并不是那个强迫他们离开的人，他只是给了他们一个选择，以积极的举止和沟通方式参加 BPR 会议，没有选择就是最高效的选择。艾伦的到来开启了福特的新篇章，高管们要么投身于此，要么另谋高就。

这就是别无选择的力量中"别无选择"的部分。艾伦通过推动每周一次的 BPR 会议让"力量"的部分发挥出作用。

基于艾伦·穆拉利主政下的福特这一背景来理解计划的含义非常重要。当然，BPR 会议的目的一点也不神秘，就是其正式名称所表达的：业务计划回顾。在福特，"计划"即一切，除了最重要的母公司的计划外，还有 16 个子计划，分属 16 个事业部的领导者。所有人都要为计划蓝图的完成共同努力，没有人对此有歧义或误解。每位高管在 5 分钟汇报的最开始，都要像念咒一样，先把计划的意义详述一次。因为 BPR 会议每周都开，与会的每个人都清楚公司的使命、个人的目标，以及如何完成这些目标和何时宣布目标实现。

这样要求是考虑到汇报时所产生的动力。艾伦只给高管们这一套选择：所有人都知道你的计划、你的进展，一切都在完全透明的情况下进行。这样做的好处是，艾伦既能获得他们的承诺，也鼓励他们公开展示自己的承诺，对集团和对他们自己，他都在倡导担责行为。每周，所有高管都要听取同事们在过去七天就计划进展的汇报，然后和自己的计划行进做比较。对福特这群锐意进取、已习惯于被公司的内外部验证的高管们来说，BPR 会议营造的是一个既令人生畏又高度激励的氛围。在这样的氛围里，选择并不困难：要么遭遇因自己的问题无法准时交付的羞愧，要么品尝努力达成后的满足。

每周汇报增加了计划进程的紧迫感，高管们既不能拖延，也不允许自己在其他事情上分心。他们必须一切按计划来。

艾伦希望每周四都会看到计划有进展，也就是说高管们需要把一些项目的红色变成黄色，把一些黄色变成绿色。但如果确实没有进展，艾伦也不会上去掐住他们的咽喉。反而，他会为他们的诚实鼓掌。几处红色并不代表他们就是坏人，他们可以在下周四交出更好的成果。但如果持续报告红字，也许是因为这些项目无法独立完成，那就需要他给他们提供帮助，但最终还是他们自己完成。高管们也都明白，由于 BPR 会议是必须出席的，除了做得更好，他们别无选择。

每周这种压倒一切的紧迫感，这种在我们生活中不多见的紧迫感，给了高管们对未来的掌控力。他们知道公司对他们的期望是什么，而且也只有他们自己需对自己的表现负责。当汇报那些由红色转为黄色，由黄色转为绿色的项目时，高管们感受到的就是成功带给他们的极致时刻。这就是艾伦的礼物，他给了他的高管团队挖掘自我潜力的力量。当你只有一个选择时，唯一可接受的反应就是让这一选择成功。

如果艾伦的方法可以扭转一个行将倒下的行业巨头，一个在方方面面面临竞争，以及深陷严重债务与负债泥潭的老牌企业，那么它一定也可以用来重新设想和扭转我们那不尽如人意的人生。我们将在本书的第 2 部分再次讨论这个话题。现在，让我们依然聚焦在选择这件事上。

我一直认为，地球上最幸运的，至少在职业方面，是那些可以坦言"我可以以此谋生，也乐意不计报酬"的人。像音乐家、电玩家、护林员、时装设计师、美食评论家、职业扑克手、舞者、个人买手、神职人员，这些人从事的都是他们精于且热爱的事业，而且世界也愿意给予他们回报。无论薪酬高低，他们很少对自己的选择后悔，因为这是他们能够看到的唯一适合自己的道路。换句话说，他们别无选择。

紧跟这些幸运之人之后的，是那些有所成就的人。当被问及是如何拥有今天的地位时，他们会这样作答："这是我唯一擅长的事。"说这些话的通常是广告奇才、园艺师、软件设计师和记者。虽然他们不至于幸运到可以从事不计报酬的工作，但他们在选择职业道路时的轻松，和电玩家或神职人员的感受是一样的。他们相信他们别无选择。

想要拥有丰盈的人生，也始于选择。你从自己对未来所有的想法（假设你有想法）中选择一个，然后选择忠于这个想法。说起来容易，做起来难。也许你是一个具有发散性思维的人，你有太多的想法，但却无法确定哪一个是你最想要的；也许正相反，你是想法匮乏型选手，总是被惯性思维驱使。

处在这样困境的你，该从哪里开始呢？你怎么决定你的未来？若你的想法需要你做出牺牲，你会与谁分享？你会在哪里发生？你怎么确定你最终的选择，给你提供的是实现成就的最佳机会而非后悔？

常规做法的第一步就是问自己类似的问题：**我下一步想做什么？或者，有什么能让我更快乐？**但我要说的是，别这么快回答！否则你就本末倒置了。你必须先完成几个初级步骤，而每一个步骤都应该帮助你把众多的选择归结到一个点上，那个就是你真正别无选择的选项。

创造丰盈人生最最优先和最重要的事情是确定尺度，确保自己在真正重要的事情上全情投入，而不是在那些不影响结果的事情上吹毛求疵。这就是拥有丰盈人生的秘诀：**倾尽所能做到极致，把你认为需要做的事情最大化，把不必要的事情最小化。**

我自己直到 40 岁时才体会到它的价值。我在 73 岁那年写完了这本书，我相信自己已经拥有了丰盈的人生，因为我获得的满足感相比生活中的遗憾要多很多。这要归功于 30 年前，即 1989 年，当我明显地感觉到，我相当平稳的职业道路并没有朝着我想象的拥有平静的周末发展时，我进行了一场深刻的自我反思。那时，我和莉达育有两个幼子，背负着巨额的房贷，但也是我有生以来第一次考虑独自工作的可能性。作为一名企业培训师，我不再有组织或合作伙伴支持。倘若我经营得好，就意味着我要用更多的时间到处出差，这样的话就需要牺牲和家人在一起的时间，这让我十分焦虑。但正是对危险和未知领域的探寻，促使我进行了那场反思。

于是，我对这种生活所给予的，以及所要求的，进行了成本效益分析。我是否在心理上和情感上有足够的能量令自己开心快乐？我是否能够在足够长的一段时间内，让这些能量持续发挥出最大的作用，对抗其他优先事项和让我分心事情的干扰？换句话说，我是否愿意为这条新的职业道路的成功付出应有的代价？

我这不是在测试自己的动力、能力、了解和信心，我知道自己能胜任这份新的工作。我是在评估需要在这个岗位上做出多大的牺牲。我能否在这份被他人视为极度不平衡的生活里找到平衡？我又需为这次的转变做出怎样的取舍？

按照字母顺序，我列出了主宰我们生活成就感的六个因素：

- 成就
- 投入
- 快乐
- 意义
- 目的
- 关系

我很快地过了一遍目的、投入、成就、意义和快乐这些精神层面的因素，它们都统一在一条熟悉的链条上：**目的**指的是我有做这件事的充分理由，这一理由确保我全然**投入**，并因此提高了取得**成就**的概率，从而为我的生活增添了**意义**，也为我带来了短暂的**快乐**。我丝毫不怀疑这份新工作给我带来的成就感。让一个因素最大限度地发挥作用，其他的自然会发生。

我唯一要考虑的就是**关系**，即我的家庭——频繁出差对我与莉达和孩子们关系的影响。

当我认真审视上述问题时，我突然意识到自己面临的并不是典型的让很多人感到困扰的非黑即白的二元选择，好像我只能在频繁出差和待在家里之间做出选择。事实是：①这是我当时对自己生活最好的规划，与我接受过的培训、我个人的兴趣与愿望充分一致；②令我欣慰的是，人们愿意聆听我讲的东西，我也可以以此养家糊口；③最重要的是，和长途司机或空姐的岗位一样，频繁出差是工作无法改变的一部分。

换句话说，并没有让我可以举棋不定的两种选择。我只有一个选择，按我的话说，就是别无选择。我唯一面临的是尺度问题：出差的范围是什么？有多少天在路上是合格的"最大化"？我待在家里"最小化"的后果是什么？我并不需要在作为企业培训者和一些未知的替代方案之间做出艰难选择，成为独立的企业咨询师这条路我已经选好了，我只需基于此做一些尺度和范围上的权衡。

如果说丰盈人生是将你的生产力发挥至极，把所有的精力都投在重要的事情上，即使伴随着牺牲和取舍，那么 30 年前的那场自我对话，就是我真正追求丰盈人生的开始，因为我别无选择。

章节练习

扭转局面

赢得丰盈人生的第一个障碍就是你需要决定自己生活的样子。如果你在这个问题上没有自己的想法，就只能靠运气、支持或他人的洞察。那你怎么感知一个改变生活的想法的到来呢？你又如何防止自己陷入依赖惰性、安于现状、缺乏想象的舒适区，以及阻碍送到你手上的本可改变一生的机会？你何时才能最终顿悟，不再白白错过机会？这一切都取决于你如何回答"我的生活究竟应该是什么样子"这一重大问题。

请完成以下练习：

虽然我不能命令你更具创造力或者能够辨识扑面而来的运气，但我可以提供一个只需两步的练习来帮助你找到自己想要的生活。

1. 你能为别人做的，同样也能为自己做

你还记得你曾经给过别人的一条改变他生活的建议吗？也许是你安排了两个不认识的人相亲，最后他们幸福地结婚了；也许是你告诉朋友有一个正适合她的职位空缺；也许是你某位心怀感恩的朋友告诉你，多年前你随口对她说的一句话，成为她人生的转折点；也许你解雇了一名员工，实则是为他好，后来这位员工来感谢你，承认你是对的，被炒鱿鱼反而成了发生在他身上最好的事情；或许还可能是你从另一个人身上发现了一些特别（而不是不足）的东西并告知他有多棒，有能力做更多的事。

上述的每一种情形，都是你看到了对方自己看不到的东西。所以，我们无须再讨论你是否有想象一条崭新道路的能力。你能为别人做的，也可为自己而做。

2. 从最基本的问题开始

"我真正想要的下半生是什么样的？""我能做什么才会让我的生活更有意义？""什么会让我开心？"但这些都不是基本问题，而是深刻的、多元的，是你的一生都应该随时问自己的问题（不过，不要指望简单或快速的答案）。而基本问题只是对应一个因素而言，因为，我们几乎所有的重大人生决定都不需要四个或五个强有力的支撑理由。通常，一个理由足以。比如，我们选择和对方结婚就是因为我们爱他/她，对这一理由的解释足以压倒其他任何原因，无论这些原因是赞成或反对。⊖

"你爱他吗？"这是一个基本问题。"谁是你的客户？"这同样也是基本问题。"这能行吗？""我们能负担得起吗？""我们哪里做错了？""你是认真的吗？""你在逃避什么？"这些都属于基本问题。任何简单措辞的问题，若要求对事实及你的能力和意图进行深入、深刻的检查，进而引出真相，就是

⊖ 我的断言是有经验依据的：在圣迭戈生活了35年后，莉达和我决定搬到纳什维尔，原因只有一个，我们的孙子们住在那里。事实上纳什维尔是一个非常适合的宜居地，这显然也是一个额外的好处。但更好的生活质量或任何其他原因都不是我们想要搬家的决定因素。

一个基本问题。

当我为面临重大生活抉择的人们提供建议时，我问的问题一定是他们能够回答的："你想住在哪里？"这个问题如此基本，以至于人们很少问自己。但鉴于大部分人的脑海里都有一个理想之地，他们往往会脱口而出。然后，我们对未来真正的思考也就开始了：在这个理想的地方我们想象自己整天会做什么？我们能在那里找到有意义的工作吗？我们所爱的人会如何看待这样一次搬迁？如果我们有孩子或孙子，能容忍与他们分离吗？我们对生活地域的具体选择也能够说明我们所希望的理想的生活方式。回答"夏威夷"或"瑞士阿尔卑斯山"的人，与回答"纽约"或"柏林"的人所设想的生活是完全不一样的。你不可能在瑞士的阿尔卑斯山上看到一场百老汇的演出，你也不能指望在柏林有高山可爬。因此，这也就激发了下一个基本问题："每天我会在那里做什么？"这也是基本问题的价值所在：它迫使我们做出最基本的回答，继而又激发出更多需要回答的问题。这就是我们发现自己对现有生活的真实感受，以及希望它究竟是什么样子的方式。有时我们发现，自己对现状很满意；有时，我们意识到，自己一点都不满足。而不满足出现的时候，就是创造力开启的时候。

第 5 章
渴望：着眼未来多于当下

到目前为止，我们讨论的丰盈人生一直聚焦在获得职业成就的背景之下，强调对许多人而言，选择并致力于一份为之奋斗终生的工作并不容易。就像伊萨克·迪内森（Isak Dinesen）所说："人们在做出人生重大选择之前焦虑，在做出选择后又因为担心选择错误而再度焦虑。"

不过，对一些人来说，遵从职业安排并不是什么很难的事。因为对他们而言，生命不只是工作，他们所追求的价值和技能与获得的专业认可或物质积累关系并不大。

我就认识这样一些人，他们很清楚自己的人生使命就是"服务"他人。越多的人得到他们的帮助，他们就越能找到生活的目的与意义。对他们来说，这种形式的财富比传统的金钱、地位、权力和名声更有吸引力。

我还认识这样一些人，相对于服务他人，他们更致力于完善自己（不是说这样做有什么错）。每做一件事，无论是帮助他们减少了压力还是提高了情商，都是以他们内心向往的但从未达成的卓越标准来衡量的。他们越是接近那个标准，就越觉得自己的追求是值得的。

我也认识这样一些人，他们最高的追求是精神或道德方面的顿悟。他们与外界关系的满足，不是基于物质利益的多少，或者更有可能，正是因为没有物质利益。他们依赖的物质财富越少，他们获得的顿悟就越多。

我还认识很多人，特别是中年以上的人，他们是通过在大型家庭聚会上，观察自己与子女、孙子和曾孙们的关系来验证成就感的。他们的满足和快乐是基于，在他们的教育和引导下，为世界培养了多少位体面的、有贡献的公民所决定的。他们的丰盈人生是通过努力成为负责任的家长和族长获得的。这是一项终身任期的工作，需要每一天、每一个年龄段投身于此。

以上这些只是我们希望随着时间的推移在自己身上得以完善的其中一部分美德和软价值（"软"是因为它们无法衡量），它们强调的是一个我们乍听起来显而易见的区别，即：你每天决定做什么，与你此刻想成为谁不是一回事，和你未来想成为什么样的一个人也没有关系。

但我直到写这本书并反思是否实践了自己的理论的那一刻才真正意识到三者的区别，我问自己：我拥有了丰盈人生了吗？如果是，那是什么造就了我的丰盈人生？是每天我做的事情？还是由我想成为谁，或是未来我想成为怎样的人塑造的？

抑或是，我成功地将这三个维度整合并融入了我的人生，使我得以沐浴在惬意的满足感中对自己说"使命完成了"？两个背景相同和职业生涯起点相同的人，即使追求的价值观和美德不同，也都能拥有丰盈的人生吗？就实现满足感而言，我们想要成为什么样的人，比在人生某个时刻做了什么或者想要成为谁更具决定性吗？我意识到，最后一个问题的答案可以在我最持久的一段友谊中找到。

我是一个独生子，但如果我有一个来自另一个母亲的兄弟的话，弗兰克·瓦格纳（Frank Wagner）就是那个人。自打我和弗兰克 1975 年读研究生时认识，我们就在一起，同一个班级，相同的老师，同在心理学领域毕业并获得博士学位。我们事业的早期阶段的导师也是同一个人，最后，我们都同样选择了高管教练这个行业。我们两个人都定居在南加州，相距两个小时的车程；我们都已经结婚四十多年，同样各自有两个孩子；我们年纪相仿，帮助人们改变行为的理念也相同，当我没时间时，我会把准客户推荐给弗兰克。从职业的准备上、家庭生活的规划上，以及想要从事的专业上，我和弗兰克形同一人。

但这也就是我们相同的全部。

决定我们最终想成为怎么样的人就像我们在生活中所选择的意识形态或信条，一个我们赖以诠释过去、决定我们的现在和未来的单一的前提。对弗兰克而言，他的引领性前提——他的意识形态——是平衡。他追求的是一种平衡的生活，对塑造其圆润个性有帮助的所有方面，他均给予了平等的空间和同样的投入。他对待工作极度认真，但从不因他人的日程牺牲自己做称职的丈夫和父亲、积极锻炼，以及在园艺和冲浪方面的业余爱好。就好像他生活的每一个方面——他的责任、他的健康、他的业余爱好——都被平均分配，如此才可以达到他追求的完美平衡。你可以说他是一个不走极端的极致主义者。他管理体重的例子就是他对平衡极致追求的最好说明。他的理想体重是 160 磅（1 磅 =0.45 千克），50 年来他从未让这个数字上下波动超过 2 磅。如果体重计上显示的是 158 磅，他就一连好几天多吃，直至恢复 160 磅；如果体重计上显示的是 162 磅，他就会少吃。

　　与弗兰克兼容生活的各个方面相比，我过去（现在也是如此）是个无序且混乱的人。我喜欢工作，工作日的我像打了鸡血，休息日的我像霜打的茄子。我不需要用度假、个人爱好或周末打一场高尔夫球来释放压力，取得平衡。我的论点是，如果工作让我快乐，那么在家里作为配偶和父亲时我也会表现得很快乐。所以，全情投入在工作上并不是一件坏事。有一年，我有意将我不在家的时间从一年的 200 天减少到 65 天，因为孩子们正值青少年期，据说也是父母最为困难的时期。我天真地以为，我增加待在家里的时间是孩子们需要的。但在年底的一天，我 13 岁的女儿凯莉对我说："爸爸，你矫枉过正了。你花了太多的时间和我们在一起。我们对你出差没有任何意见，我们能把自己照顾得很好。"

　　我和弗兰克拥有相同的简历和职业机会，却以不同的游戏规则寻求自我实现。弗兰克想要的是一个极致平衡的生活，而我则在不平衡的生活中极度舒适。我们俩谁都没有对对方的选择加以评判，我们都在自己创造的生活中各自安好。今天，在我们七十岁出头的时候，都没有什么需要后悔的事情，我们确信我们已经拥有了丰盈的人生。在为实现目标而进行的冲刺中（相信我，生活就是一个全速跑的过程，因为时间就如白驹过隙），我们都可以说，我们赢得了生活的金质奖章。那这一切是怎么发生的呢？

　　答案在于行动、志向和渴望这三个独立变量的合奏（见图 5 - 1），它们主导了我们为实现自己想要的生活所做的所有努力的进展。

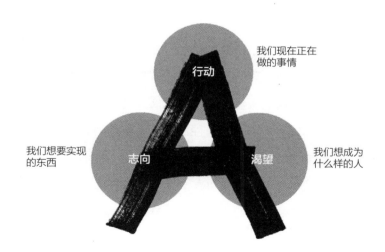

图 5 - 1　行动、志向和渴望的关系

　　行动：在我的可操作定义里，行动就是指**我们现在正在做
的事情**。它涵盖了我们一天中所做的所有具体的事情：从回答
问题、支付账单、拨打电话，到周日下午无所事事地看几个小
时电视。无论我们的行动是主动的还是被动的，它反映的都是
我们有意识的选择。行动的时间要求是即时的、当下的，因此
也很容易表达：**它刚刚发生；我们刚刚完成**。有时行动是为我
们的志向或渴望服务的，弗兰克在这点上就做得非常好。拿他
的饮食来说，任何一餐的即时行动都是由他160磅体重的上下
偏差决定的，他依据体重相应地增加或减少饮食。他在生活的
其他方面也同样自律有加。而我，除了在工作上有着和弗兰克
相同的自律，其他时候我的行动都是极不规范的。事实上，对
于我们大多数人来说，行动都是一种无目的的活动，基于一时
的心血来潮，或者更糟，基于我们声称的目的（例如，放下繁
忙的工作去休假是为了给自己充电，但却把工作带在身边）。

　　志向：志向是指**我们想要实现的东西**。它是我们对明确目
标的追求。它有时间限制，终于目标实现的那一刻。它还是可
衡量的。我们的志向也并非只能有一个，我们可以同时追求多
个目标，如职业发展、业余生活、身体健康、精神富足、财务
自由等，而这些可以说是成功人士最大的共同点。

　　渴望：渴望是指**我们想成为什么样的人**。它是我们追求的
比任何明确的、有时限的目标更伟大的目标。我们渴望为他人
服务，或成为更好的父母，或更一致地体现对待生活及他人的
方式。弗兰克致力于一种平衡的生活，从青年时代他就在这方

面表现突出。而我是一个缓慢的学习者，直到 60 岁，我才发现我的生活有更大的意义。与"志向"不同，"渴望"没有明确的终点。它是一个持续的进程，有无限的时间跨度，而且无法衡量，表达的是我们对更高目标的追求。我们的渴望可能会随着时间而改变，但永远不会消失，无论我们表达与否。渴望的停止，也就是我们呼吸的停止。

把志向与渴望视为同义词也很有趣。但对我来说，它们是不一样的。志向是对一个具体目标的追求，它是有终点的。假如，我们是 X，我们想实现 Y。当 Y 达成时，我们就这个具体目标的追求就完成了，然后是等待下一个目标出现。但渴望，是一种自我创造和自我验证的持续行为，它不是由 X 变成 Y，它是由 X 逐渐发展成 Y，然后是 Y +，最后可能是 Y 的平方。

志向和渴望并不是支配我们获得丰盈人生的仅有的两个因素，因为如果没有行动这第三个变量，它们没有任何意义可言。我之所以把这三个因素称为独立变量，仅仅是因为单独罗列可以让我们更好地了解它们的独有属性。我可以把一天或一周内所有的行动记录下来，并对其进行研究，以根据我的时间分配来了解我的一天是富有成效的，还是分心的、懒惰的。只是除非我将这些数据与我的"志向和渴望"所创造的目标联系起来，否则分析没有任何意义。我们若想在生活中获得任何积极、持久的自我改善，都一定是"志向""渴望""行动"协同作业的结果。当这三个独立的变量相互依存、相互服务时，我们就能够成为不可阻挡的人，成就也就在不远的未来，遗憾也不复存在。但不幸的是，这种事不会经常发生，而且往往是知易行难。

我将在第 6 章更全面地阐述行动和志向。它们在确定我们承担的风险和所应规避的风险方面起着重要的作用。但在本章，我会聚焦在渴望上，明确它与志向的根本区别，以及为什么我们中的许多人能够阐明自己的志向，却不能清晰地诠释我们的渴望，反之亦然。

我们在创造自己想要的生活时之所以很难发现真正的渴望，或者我们对任何形式的改变，不管具体是什么，都望而却步，是因为我们无法事先知道想象的新生活究竟是什么样的，或者自己是否会喜欢它；也不能对当下的生活按下停止键，然后立即跳到下一个阶段；更不能在一天之内期望从旧的自己彻底改变为新的自己。这是一个漫长而渐进的过程，启迪我们在沿途窥见未来的生活。芝加哥大学哲学家艾格尼斯·卡拉德（Agnes Callard）将这个过程就称为"渴望"［她将关于这个主题的一本书也恰如其分地命名为《渴望：改变的自主过程》（*Aspiration: The Agency of Becoming*）］。

现在让我们来想象一下要不要孩子这个决定。这是一个重大的人生选择，与我们所有其他的选择都不同，因为它不仅为我们创造了一个为人父母的新生活，而且也为我们的孩子创造了新生活。在成为父母之前，我们可以自由地享受没有孩子的生活，也许是每天 14 小时的工作，也许是在周末去攀岩，或者参加烹饪课程。我们知道，若有了孩子，我们的生活方式一定会受到限制，而且，很可能对失去无牵无挂的时间感到不满和有所抱怨。但我们也知道，没有谁能预期，抱着婴儿几小时直到她睡着、克服害怕无法担起养育孩子的责任，体会到的是什么样的满足感。渴望是一座桥梁，帮助我们完成从没有孩子到成为父母的转变。当我们尝试在情感和价值上有所实现时，怀孕的九个月里，所有被兴奋、焦虑、准备、产前检查和自我护理支配的情绪，都是渴望过程的一部分。就像暑期实习——当我们尝试一份新工作时——也唯有到最后一刻才能许下终身承诺。卡拉德教授说，当我们决定要孩子时，不应该把成为父母看作一个独立事件，它是一个过程，"是旧的自己渴望成为新的自己"的过程。她认为，我们的渴望中多少都有一些英雄主义色彩，因为我们对自己所追求的美好有一种"预期的和间接的把握"。我们的渴望不保证会让我们得到想要的东西，也不保证我们在得到这些东西后一定会开心。

渴望，诚如卡拉德教授所说，是"我们努力关心新事物的理性过程"。它赋予了我们获得价值、技能和知识的超能力。但这种获得不是即时的，需要耐心和时间。它让我们先把脚浸入水中，试试是否喜欢，然后依据自身条件进行长距离游泳，不能着急也不能焦躁。从这个意义上说，渴望的过程与作家边采访、调研边写文章是一样的。开始的时候，作家并不了解故事的全部内容。在完成采访和调研之前，作家也不知道故事的结局，更不知道故事的意义，直到他收集完所有的材料并写完之后。写作过程还是一个删除、修改、反复修正，经历沮丧的停顿及重启，有时还会完全搁置的过程。但作家开始写作时并不知道这些，随着字数和页数的增加，他也越来越接近自己最初的意图。这种渴望的行为——实际上是连接有意图的"旧人"和正在实现该意图的"新人"的行动——让他逐渐了解到自己真正的意图是体验渴望，而非经历遗憾。

志向与渴望之间还有一个区别值得我们仔细品味。对于志向，当我们实现它时，它会为我们带来成就感，但我们无法持续和保护这种感受。例如，我们获得晋升，或赢得俱乐部赛冠军，或在三小时内完成马拉松比赛，我们为此庆祝，在短时间内为之欢欣雀跃（或者，更有可能的是，并不像我们以为的那样高兴）。然后，高兴的感觉渐渐消散，让我们不禁和内心的那个佩吉·李（Peggy Lee）[⊖]对话，问自己："这就是我想要的全部吗？"

有一位朋友给我讲了这样一个他在学生时代的故事。他在9岁的时候被单亲母亲送进了一所K—12学校[⊜]。这所男校的孩子要么是孤儿，要么就是像他一样的"半孤儿"。整个学期他都要住在学校里，与其他1200名男孩一起生活，所有费用也由学校承担。这是他第一次遇到关心他教育的好老师，自此他开

⊖ 佩吉·李是才华横溢的爵士女歌手。尽管她努力工作并取得了空前的成功，但她经常被深深的不幸所困扰，这让她开始了对内心平静的精神追求。——译者注

⊜ K—12：Kindergarten through twelfth grade，是美国学前教育至高中教育的缩写，特指基础教育。——译者注

始认真对待学习。在学校礼堂的墙上，有一面学校创始人设立的荣誉榜。自 1934 年以来，每一年毕业班的毕业典礼演讲者（最优学生）和致辞的毕业生代表（第二名）的名字都会被刻成两块长方形的牌匾挂在墙上。

我的朋友说："整个高中，我唯一的志向就是成为班上的第一名或第二名，把我的名字刻在墙上，我的目标就是在学校留下一个永久的印记。毕业前的一周，在期末考试成绩出来后，学校校长把我和另一位同学叫到了他的办公室，祝贺他成为毕业生演讲代表，我成为致辞的毕业生代表。但这就是全部，没有奖牌、没有证书、没有拍登上当地报纸的照片、更没有毕业典礼上的发言，也没有在荣誉墙边举行任何仪式。或许我们的名字会在毕业后的某个时候被刻在墙上，而那时，我已经和母亲住在 100 英里（1 英里 =1.609 千米）以外的某个地方，打着暑期工，等待着大学的入学通知。我的整个青春期都在为这一志向努力，而我只在校长办公室的那十分钟里享受到了成功的喜悦。更有趣的是，我从来没有在荣誉墙上看到我的牌匾。"

我保证，从童年开始，你一定也有过几十次类似的感觉。你先是有一个目标，无论你成功还是失败，体验到的都是一种从欣喜到冷漠再到羞愧的转瞬即逝的情绪，然后你继续前进。这就像你搭顺风车，你的志向就是到达目的地。到达目的地后，你走出车外，环顾四周，决定是留在原地还是继续乘下一个顺风车到下一个目的地。这就是志向带给我们的循环往复的生活节奏，它很重要，但并不能实质上给予我们真正的开心或有成就的人生。

渴望，一定是和学习"关心新事物"有关，引导着我们找寻比志向更持久、更值得发展和保护的东西。卡拉德教授曾举过这样一个例子：渴望成为更了解古典音乐的人。现在，让我们尝试还原一下。

你决定将提升对古典音乐欣赏的品位作为一件很值得去做的事情。你的理由可能是高尚的（因为它被视为一种高级艺术形式，你想借此了解那些最伟大的实践者们，如巴赫、莫扎特、贝多芬、威尔第确实是名副其实、当之无愧的），也可能是实际的（增加一个特长以证明你受过良好的教育），还可能是自我的（只是想跟上你那些博学多才的朋友们的步伐），或者只是因为你在某个电影里听到了帕赫贝尔的《卡农》或巴伯的《弦乐柔板》的某个片段，就渴望去了解它们。关键是，在并不知道会学成什么样的前提下，在好奇和意愿的感召下你也努力去学习。你无法预测你会为之着迷还是感到无聊，以及决定要获得的这一新价值是否真的会让你感到有价值，因此你去读相关的著作、听相关的磁带、去参加音乐会、结识与你有共同兴趣的新朋友，经过几年时间，你积累了自己无法想象的令人羡慕的知识储备。这就是渴望的礼物：即使你已经转移到另一个自我培养的兴趣上，如成为熟练的橱柜匠人，你所积累的关于古典音乐的基础知识就像一个技能或道德价值，已成为你身份的一部分。你从中获得的感受不会像志向实现那样短暂快乐、逐渐消失，它是我们余生都可不断累积的东西。

一定要理解，对为创造自己想要的生活积累能力的我们来说，渴望是一个巨大的，但不是被全然赞赏的差异制造者。我曾无数次听到人们，特别是年轻人，不愿为职业发展冒一点风险，因为他们需要的结果一定要好。风险也有回报。但他们不知道，有结果保证的选择，根据定义，就不叫风险。那么，这些人也一定不会欣赏渴望所带来的某些东西。例如，律师，就是一个渐进的、在过程中逐渐显现价值的职业。而且，如果足够幸运，它的价值会随着时间推移不断地提升。

当我们渴望成为一名律师，我们就会选择去法学院学习。经过三年的课程、无数个讲座，深夜的废寝忘食，经历挫折、惊喜和艰辛，最后换来我们在入学第一天无法想象的结果。我们据此得出自己是投身于此，还是转换赛道。只有通过对某件事情的渴望，经历享受、困苦或沮丧的过程，我们才知道哪一种结果是我们更想要的。我们必须亲身体验渴望的滋味，了解它会不会给予我们真正的成就感。它是无法依靠单纯的想象品味到的。

最好的结果：在渴望成为一名律师的过程中，我们爱上了法律，因为对法律的热爱，我们变得更加投入，从而成为一名更好的律师。最坏的结果：我们找到了生命中其他更愿为之付出的东西。渴望带给我们的，无论是哪种情况，都是最好的呈现。

这也让渴望成为我们生活中避免后悔的有效方法之一。当然，避免遗憾并不是渴望的重点，它只是一个额外的奖励。在渴望实现过程中的每一步，我们都更了解自己的努力是有益的还是徒劳的。这也在告诉我们，在任何节点，若令自己感到特别痛苦，我们都可以在遗憾降临之前改弦易辙。

例如，假设你在发现古典音乐的真正乐趣的途中遇到了障碍，你没有感受到你所希望的快乐和对音乐的高度欣赏，或者你不想再继续大量聆听古典音乐、参加音乐会、学习乐谱以实现你的初衷，这说明那个具有挑战性的渴望已经变成了一份苦差事，而你已经学得够多了。那么，在你为浪费的时间和精力后悔之前，没有什么能阻止你终止对这件具体事件的渴望。撤退不是一件羞耻和失败的事情（最好的野战将领皆攻守兼备）。与不容易向他人隐藏的志向不同，渴望，纯粹是你个人的事情，是你对能力与价值观的默默追求。只有你知道自己在追求什么，只有你能判断结果，只有你自己能感知一个缓慢但稳定的全新的你在被创造，只有你能获得努力关心新事物所带来的成就感，也只有你有权叫停它。

在我颂扬渴望是提升我们内在崇高本能最为重要的激励手段的同时，我也在表明渴望还兼具制动价值，类似早期的预警系统，告诉我们应该停下并重新思考正在做的事情。我对渴望所兼具的截然相反的作用推崇备至，我们不应被它所扮演的双重角色困扰。无论是给予我们激励，还是告诉我们不要再浪费时间，渴望都是我们最好的朋友。实现长期的志向当然是一种进步，除了最后问自己："这就是我要的全部吗？"

当我向我的客户和其他教练解释行动/志向/渴望模型时，客户和其他教练最初的"理解"是这样的：这个三 A 模型[⊖]（我亲切地称它们为）是三个独立的变量，它们之间没有必然的联系。他们之所以做如此的理解是基于这样一个事实：大多数的行动是随机的、没有重点的，除了满足冲动或即时需求外，没有其他目的可言。比如，人们做晚餐，是因为饿了；人们去工作，是因为需要一份薪水；人们在附近的酒吧观看他们喜欢的球队的比赛，是因为他们的朋友都那样做。这些行为都很合理，并不一定就是灰暗的和不快乐的。但是，倘若把三 A 模型与目标的达成或实现更有意义的事情相关联会发生什么呢？

于是，我把图 5-2 摆在客户和其他教练的面前。

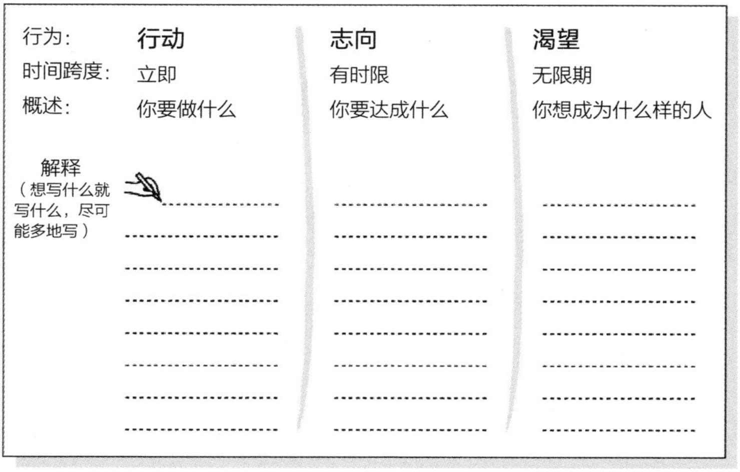

图 5-2　三 A 模型与目标达成的关联

⊖　行动/志向/渴望英文的首字母皆为 A。——译者注

我环顾四周，请他们在空白处写下各自的答案。我很想知道他们中有多少人能够成功地将具体的行动与他们生活中明确的志向及内心的渴望做关联。成功的高管和领导者们很容易界定行动与志向的关系，但在渴望一栏几乎空白一片，好像他们从来没有考虑过这个问题。但对这个结果，我并不惊讶。

我认识的绝大多数成功的商业人士的生活都是以"志向"为主导的。因为他们强烈地被实现某个特定的目标所驱动，所以非常严格要求自己的行动服从于他们的志向，这两者一定是同步⊖的。然而，如果他们稍不小心，尤其是在达成目标就是一切的竞争激烈的商业环境里，他们的行为准则很容易变成只对目标的痴迷。就像政治家们，他们最初是为了内心的渴望（他们更高的理想）而参选，但鉴于政治的混乱和妥协性，驱使他们的却是志向（因为他们需要在下一轮选举中获胜）。高管们也可能有这样的风险，忘记自己的价值观和建立目标的初心，那就是为自己的渴望服务。就像残酷的政治舞台会滋生政治腐

⊖ 我知道大部分高管都把被公认为是卓越领导者列入他们志向清单的前列。因此，我告诉他们要做的一件事就是控制自己，在工作场所少一些苛刻的判断和评论，因为但凡卓越领导者，都不会构建一个负面的环境。他们都会尽可能给予仁爱与慷慨，即使面对那些令人失望、更应得到严厉的爱的同事们。一旦他们有所疏忽，忘记他们的日常人际行为是为重要的职业目标服务，我就会提醒他们，并帮助他们重新调整行动以支撑志向的达成。

败一样，高管们的工作环境也会腐蚀他们。举一个很常见的例子：由于对目标的痴迷，高管们忽略了他们声称为之服务的、他们所爱的人。他们迷失在自我之中，不再理会曾经是否也有过真正的渴望，或者诠释过更崇高的价值观。对于这样的人，也许只为目标服务不失为最好的选择。

而教练们给出的答案往往基于善意和理想化，填写的内容也五花八门。虽然，他们对"渴望"的界定都非常明确，如专注当下、服务他人、使世界变得更美好。但是，他们为实现渴望而采取的行动和目标却很模糊。就像在当下这个网络时代，他们也不愿放下身段，利用社交媒体、写作、公开演讲、当众"握手"等所需要的方式扩大他们的影响力和帮助更多的人。当然，他们生活得很好，做的也不错，但他们从未达成内心真正的渴望，因为他们也从未将渴望与行动、志向充分连接。甚至还有许多人，从来也没有搞明白自己的行动和志向应该是什么。⊖

在这一简短的了解渴望的旅途中，我把最好的留到最后，因为它与我在第 1 章里提出的观点悄然吻合。在那一章中，我

⊖ 这是我在 2021 年 8 月的某一天做出的回答。我的渴望是"在我有限的余生，尽可能地帮助更多的人创造更大的利益"。我的志向是在限期内"出版一本名为《丰盈人生》的书"。我的行动是"待在书桌前，整天写作"。可以看到，我的三 A 模型是统一的、相辅相成的。我当下正在做的事情与我近期的目标是一致的，这反过来又有助于实现我更长远的梦想，即帮助尽可能多的人。

敦促你尝试"一呼一吸"范式，那是佛陀启发你了解自己、了解你在这个宇宙的时间连续体上身处的位置的新方法。你的自我是在一呼一吸间，由无数自我，包括旧的自我、现在的自我和未来的自我变化而成的。而渴望，是支持和阐明这一范式的最佳方式（"渴望"源于拉丁文的"呼吸"一词，不得不说这是一个有趣的启示）。

还记得前面我们讲过的 21 岁的柯蒂斯·马丁吧？尽管对自己有所怀疑，他还是决定参加美国国家橄榄球联盟（NFL），作为对未来自己的一种投资。他不是为了热爱而打球，也不知道自己是否会在美国国家橄榄球联盟中取得成功。在那里，一个跑卫手的职业生涯平均仅为 3 年。他冒着脑震荡、脑损伤、永久性身体衰弱的风险，就像去打仗一样，虽然没有人会感谢他的付出。但在追求退役后的渴望的自我过程中，这些风险都是可接受的。马丁凭借 11 年入选名人堂的骄人成绩所获得的新的价值观和对自己的全新认知，将自己从以前的那个"我"中成功地分离出来，塑造出一个全然不同的马丁。

就其核心而言，渴望是将你的未来优先于现在的行为，你可以将其视为一种力量，推动那个旧的自己向全新的自己改变。无论你认为自己有多么厌恶风险，当你渴望去做一件事情的时候，你其实就在选择成为一个具有冒险精神的人。用你的时间和精力作为筹码，去赌未来的你比现在的你进步更大。不要怀疑自己为了赢得这场赌注焕发出的毅力、勇气和创造力，丰盈的人生就是这样赢取的。

章节练习一

　　一个有关英雄问题所引发的讨论：

　　我们都需要英雄。这种需求如此强烈，以至于我们遇到的每一个故事——无论是短篇小说中的、电影中的还是笑话中的——都必须有一个英雄人物以吸引我们的注意力。当我们找不到对标的英雄（或反派）时，就会立刻失去兴趣。英雄的存在是为了接受我们的敬仰和激励我们向前。这一论点已无须争议。不过，我还是要求我的朋友，土耳其裔的工业设计师艾莎·贝赛尔，帮助我把对英雄的迷恋提高一个层次，超越敬仰和激励，达到渴望的高度。

　　那是我参加艾莎的"设计你真正热爱的人生"研讨会时发生的。在我正苦口婆心地鼓励与会者可以更大胆地决策他们的下一步时，他们中的一个人对我进行了反击。他说道："如果像你说得这么容易，那你自己的下一步是什么呢？"

　　我那时脑子里一片空白。艾莎，这位解决问题的高手，试图帮助我。

　　她说："让我们从一个简单的问题开始。谁是你心目中的英雄？"

　　这很容易。我回答道："艾伦·穆拉利、弗朗西斯·赫塞尔本、金勇、保罗·赫塞（Paul Hersey）、彼得·德鲁克，当然，还有佛陀。"

　　她问："为什么？"

　　"嗯，我是一个佛教徒。而德鲁克，他是 20 世纪最伟大的管理学家，他晚年的时候也是我的导师。"

　　"好的，除了你喜欢他们的思想之外，他们展现出了什么样的'英雄'气质？"

"他们把自己知道的一切都传授给了尽可能多的人，而这些人将其发扬光大。这也是为什么尽管佛陀圆寂了 2500 多年，彼得·德鲁克去世 10 多年，但他们的思想一直留存。"

"你为什么不可以像你心目中的英雄那样做得更多呢？"她问。

就是那一刻，我意识到我能做的不仅仅是崇拜我的英雄们，我也可以传承他们的思想，我也可以给自己许下宏愿，尽管不一定完全实现，让自己也拥有他们身上那些令我印象深刻的品质。那是我开始渴望分享我所知道的一切的开始。不过，我的脑海里并没有立刻浮现我应该怎么做的场景，但艾莎为我种下的种子，不久就开花结果了。那是在我得出结论、我的生命中已不再有"下一件大事"、我有抱负的日子已经过去很久之后，我"意外地"成立了由一批志趣相投的人组成的小型社区，我称它为"教练 100 社区"（我会在第 10 章中详细介绍）。但我想说的是，如果我都能做到，你一定也可以。

请完成以下练习：

我们总将心目中的英雄供奉在无法企及的位置上，很少将他们视为可以复制的榜样。让我们通过下面这四个步骤的练习来纠正这一错误：

- 写下你心中那些英雄们的名字。
- 写出关键词来描述你最崇尚的价值观和美德。
- 把他们的名字划掉。
- 在他们的位置上写上你的名字。

然后，静待你下一个宏大愿望的出现。

章节练习二

解决你的二元对立

这个练习也是受到艾莎·贝赛尔的启发（它也是涉及文字删除的，所以请拿好你锋利的笔）。那是在 2015 年，她刚将她的"设计你真正热爱的人生"研讨会推向市场。她请我带几位朋友去参加她在纽约举行的第一次户外活动以填补空位，因为只有 6 个人报名参加。而我带了 70 个人去。虽然，我并没有觉察出艾莎是否会因为人多感到紧张或害怕，但我知道，对着几十个陌生人讲一个小时或更多，要比对着 6 个人说话更需彰显个人魅力。如果只有 6 个人，可以晚宴的形式开研讨会；而 70 个人，一定是个正式的研讨会。于是，我决定帮助艾莎提升她的能量。

有一次艾莎告诉我："如果我被困在一个小岛上，只能带一个创新工具，那就是二元对立解决法。"她在设计产品的过程中，最喜欢解决的就是客户留给她的非此即彼的问题。例如，设计应该是古典的还是现代的？是小的还是功能性的？是独立的还是可以扩展成一个产品系列的？理想情况下，设计，基本是两者的有效融合，经典传承的设计但以现代材料提升品质，如福特 F-150 皮卡用铝制车身代替了传统的钢制车身。但在我们的日常行为中，相比于硬性整合，似乎二元法是更适合的解决手段。我们是乐观主义者还是悲观主义者？是合群者还是孤独者？是主动者还是被动者？这些问题你只能选择一个，不能指望两者兼得。

正是知道艾莎非常喜欢二元定律，在研讨会开始之前，我把她叫到了一边。

"我不知道你是否在生活中解决过外向与内向的对立问题，"我说，"但今天一定不是选择内向的时候。我们来唱首歌吧。"我开始唱《娱乐至上》，令人惊讶的是，她也知道歌词，并且和我一起唱起了这首歌。等她大笑过后，我告诉她："记住这个感觉，观众到这里来不是为了另一个商业会议，这是你的表演时间。"

我们中的一半人看到的世界是黑白色的，另一半人看到的是灰色。我和艾莎一样，都属于第一组。如果你像我一样，就知道就算把世界看成无尽的一分为二，也不会自动简化我们的决策；即使我们把许多种选择减少到两个，仍需选择其一。了解这一点对行将开始的渴望之旅尤为重要。除非你希望彻底改变你的个性，你的渴望不能与你的首要选择、崇尚的美德及偏好有明显的冲突。你需要识别经常在你生活中反复出现的二元对立因素，特别是当它们成为问题或失败不断发生的原因时（比如，拖延与准时）。在遇到这些问题时，你必须予以解决，决定哪一个是你想要的。

请完成以下练习：

第一步，尽可能多地列出你能想到的有趣的二元因素。（作为启发，我列出了40个，你可以随意添加自己的。）

第二步，用锋利的笔将你用不到的二元因素划掉。

第三步，分析剩下的二元因素，明确它们中的哪一半反映的是你。比如，你是领导者还是追随者？你是聚会的焦点还是边缘人？你是专注的还是易分心的人？你也可以问问你的同伴或朋友们的意见，如果有帮助的话。现在，划掉至少一半不适用于你的选项。最终你得到的是一张全部涂黑的清单，看起来像是政府对中央情报局特工回忆录的修订。

当你做完后，剩下未被涂黑的词揭示的就是你的决定性品质（见图 5-3）。你不会对此有异议因为都是你自己选的。这些品质不仅关乎你的渴望，还关乎你是否可以达成渴望。额外奖励：（如果你够勇敢的话）当你完成上述步骤，最好能够和最了解你的人分享以寻求有价值的反馈。

第一步：① 准备清单		第二步：② 划掉对你不重要的选项		第三步：③ 二选一	
水杯半空	水杯半满	水杯半空	水杯半满	水杯半空	水杯半满
放手	紧握	放手	紧握	放手	紧握
天赋	勤奋	天赋	勤奋		
评判	接受	评判	接受	评判	接受
著名	无名	著名	无名	著名	无名
耐心	急躁	耐心	急躁		
保守	激进	保守	激进		
户外	室内	户外	室内		
城镇	乡村	城镇	乡村		
严肃	活泼	严肃	活泼	严肃	活泼
领导者	跟随者	领导者	跟随者	领导者	跟随者
给予者	接受者	给予者	接受者	给予者	接受者
内向	外向	内向	外向		
理由	感觉	理由	感觉		
信任	怀疑	信任	怀疑	信任	怀疑
深思熟虑	鲁莽浮躁	深思熟虑	鲁莽浮躁		
风险回避型	风险友好型	风险回避型	风险友好型	风险回避型	风险友好型
看重金钱	不看重金钱	看重金钱	不看重金钱		
缺时间	缺钱	缺时间	缺钱	缺时间	缺钱
平衡	失衡	平衡	失衡	平衡	失衡
安静	吵闹	安静	吵闹		
需要被喜欢	不需要被喜欢	需要被喜欢	不需要被喜欢	需要被喜欢	不需要被喜欢
短期	长期	短期	长期	短期	长期
接受你的文化	拒绝	接受你的文化	拒绝		
坚决	优柔寡断	坚决	优柔寡断	坚决	优柔寡断
众星捧月	遭人冷落	众星捧月	遭人冷落	众星捧月	遭人冷落
冷嘲热讽	真诚坦率	冷嘲热讽	真诚坦率		
主动的	被动的	主动的	被动的	主动的	被动的
满足现状	积极进取	满足现状	积极进取	满足现状	积极进取
深	浅	深	浅		
雇员	雇主	雇员	雇主	雇员	雇主
已婚	单身	已婚	单身	已婚	单身
经常出差	居家办公	经常出差	居家办公	经常出差	居家办公
内部验证	外部验证	内部验证	外部验证	内部验证	外部验证
总觉不公	内心平和	总觉不公	内心平和	总觉不公	内心平和
拖延	准时	拖延	准时		
直面	避免	直面	避免	直面	避免
务实者	梦想家	务实者	梦想家		
专注	分心	专注	分心		
延迟满足	即时满足	延迟满足	即时满足	延迟满足	即时满足

图 5 - 3　二元因素练习

第 6 章
机会和风险，你更看重哪一个

还记得理查德吗？那位我们在序言第一页介绍过的年轻出租车司机。他因年轻时犯下的一个巨大错误，导致了近乎一生的悔恨。讲的是他从机场接到一位女乘客，在送她回父母家的路上，他们相识、相约，但他最终没有勇气去赴和那位妙龄少女的第一次约会，他在最后一刻临阵退缩了。当理查德讲述这个悲伤故事的时候，他的选择让我费解。但经过这些年的思考，以及和理查德的讨论，我相信我明白了为什么他会僵在离她家门口还有三个街区的地方，然后最终决定掉头。理查德的错误并不是因突然的怯场或胆小造成的，这些是影响因素，但不是他糟糕决定的真正原因。他的错误是没有正确权衡第一次约会给他带来的机会和风险。他过高地估计了风险，同时又低估了机会，这才是他错失良机的真正原因。

他并不是唯一那个做出不幸误判的人，事实上，生活中的我们会经常犯同样的错误。

理查德的错误我们容后再述，首先我想深挖一下机会和风险之间的关系，以及为什么我们经常无法做到平衡二者，最终做出错误的选择。

机会和风险是你在做任何"投资"决策时需要考虑的两个关键变量，无论你投资的是物质还是时间、精力或忠诚。机会代表了从你的选择中获得的利益的大小和概率；风险指的是你的选择所带来的成本的大小和概率。

当我们的选择在很大程度上偏向于机会 – 风险决策[⊖]的任何一方时，即你可以准确地衡量这种平衡，即使不完美，也很容易做出一个能让我们安然入睡的决定。如果我们相信，我们的选择肯定会产生巨大收益，并且几乎不可能有损失，那我们一定会去做；但如果我们认为我们的选择几乎会带来巨大损失，并且没有获得收益的机会，那我们就不会去做。

⊖ 这种类型的决策通常被称为风险回报决策。但在我看来，这是一个误导性的术语，因为视风险和回报是一对形影不离的朋友很不恰当。就好像只要做到了一个，第二个就自然而然得到。这就相当于我们承担了风险，就一定会得到回报。这当然是无稽之谈，因为如果回报是必然发生的，那么风险又在哪里呢？因此，我更愿意将"风险"换成"机会"，因为它更准确地描述了其中的利害关系。承担风险的好处不是获得回报本身，而是得到获得回报的机会。甘冒风险并非愚蠢之举，只是因为我们没有意识到预期的回报才会认为是愚蠢的。然后，还有其他远超我们可控的因素，会对结果产生负面影响。所以，当我们甘冒风险时，也就仅仅只是选择了要抓住的机会而已。至于回报，可能会有，也可能没有。

有时我们会担心风险，所以我们会寻求信息以帮助我们平衡诱人的机会带来的风险。例如，你想去一个温暖、阳光充足的地方度假，但离你在波士顿的家不能太远。于是，你选择了符合要求的加勒比岛国。但风险就是要选择好去的时间，因为你不希望在天气不可靠的时候去度假。因此，你用谷歌搜索了你所选择的岛屿的气象信息，并了解到 6 月至 8 月太热，9 月是飓风季，10 月和 11 月太潮湿，12 月和 1 月日照时间最短。所以你的结论是，3 月和 4 月是度假的最佳月份，因为阳光充足，日照时间长，下雨的可能性最小。这就是你平衡风险和机会后做出的选择，其提高了你拥有一个美好假期的概率。虽然不会完全保证，但已足够接近舒适了。

有时机会压倒了风险，而你唯一的风险是不能接受独角兽——那种传说中好到难以置信的机会出现在你的生活中。比如，你有机会以每件 1 美元的较低抛售价格购买 100 个小部件，又因为你平时非常关注小部件市场，恰好知道有一个人急需这 100 个小部件，并且愿意以每件 10 美元的价格买下这批货。这个客户不像你，知道这些小部件可以用每件 1 美元的价格买到，那么在这种情况下，客户的无知就是你的优势。你以 100 美元的价格购买的小部件，以 1000 美元的价格出售，并将差价收入囊中，你的投资就有了 900% 的回报。如果不发生极端事件，即小部件市场在你买卖的短暂间隔期内崩盘，这就是你能做出的最接近只有机会而没有风险的决定。在债券市场和商品交易所每天都有成千上万次类似的事情发生，有人会认为猪肚价格不错，低价买入，然后高价卖给急需猪肚的人（或你仍然定价过低），从中获利。当然，这些涉及数百万美元的复杂计算，得益于复杂软件和高速超级计算机的支持。

你会注意到，在每一次金钱易手的选择中——也就是产生金融风险的地方——都会有一个系统和基础设施，以其强大的技术能力迅速提供历史数据以平衡机会和风险，帮助你做出一个合理的选择，或者我可以说，减少你做出愚蠢选择的机会。很多商业决策都是利用这种数据驱动的优势做出的，比过度依赖情感或直觉要好很多。

但日常生活并非如此。没有什么有用的手段或指标可以帮助我们平衡机会与风险。比如，我们应该和谁结婚？我们应该住在哪里？我们又该何时换工作？这些事关我们生活的重大决定，极有可能带来我们无法承受的后果或潜在的遗憾的决定，反而没有很多指导性的工具来确保我们做出明智的选择。相反，我们的选择既匆忙又冲动，总是受到对过去成功的缅怀、曾经犯下的愚蠢错误或他人意见的影响。而最糟糕的莫过于让别人替自己做选择。

那么，如果有一种方法或概念性框架可以降低情绪和非理性对我们做出风险选择的影响，并帮助我们成为更明智的选择者，又会怎样呢？

遵循庭审律师的箴言，永远不要提问没有答案的问题。所以，对这个问题，我是有答案的：

答案就在我们第 5 章中刚介绍过的三个独立变量：行动、

志向、渴望——三 A 模型中。对我来说，每个变量的明显特征就是它的时间跨度。每一个变量指向的时间离当下有多远？

几分钟，几年，还是一生？

渴望是指我们为了服务自己更高的目标而做的所有事情。它的时间跨度是无限的，也就是说，渴望没有终点。

志向代表的是我们专注于确定目标的实现。它的时间跨度的长短，取决于实现这个目标需要多长时间。它朝着终点行进的速度——奔跑还是漫步——也是基于要达成目标的复杂性和难度而定的。可以是几天、几个月或几年，一旦完成，我们就会转向下一个目标。

行动代表我们在某一特定时间段的活动。行动的时间跨度是即时的，永远在当下。它除了满足我们眼前的需要之外，没有任何其他目的。早上被饿醒，我们就去吃早餐；电话铃响了，我们就去接电话；交通信号灯由红灯转绿灯，我们就踩油门。在"行动"这个伞下所做的大部分事情都是条件反射，不需要经过深思熟虑，甚至都不是我们可控的。我们的"行动"经常连着一根木偶线，而这根线不一定由我们操纵。

我相信，将这三个时间维度区分开来，看它们之间如何相互作用（或不作用），对我们有多接近丰盈的人生有着显著的影响。正如我曾指出，我辅导过的许多首席执行官所面临的最大诱惑就是停留在他们的志向层面驻足不前。他们总是盯着目标，利用（或唆使）他们的行动来满足他们的志向。以寻求和服务更高目标为形式的渴望很难进入他们的视野，或只有在他们行将结束 CEO 的任期时才会出现自己所渴望的事情。这时，他们才扪心自问："我做的一切究竟是为了什么？"但对于那些情操高尚又是理想主义的同事和朋友们来说，情况似乎又恰恰相反。他们过度看重渴望，为此牺牲志向。他们总是怀揣大的梦想，但却眼高手低。

亲爱的读者们，我最想让你们看到的是，当我们把这三个变量有效地统一起来，当行动与志向同步且志向与渴望同步时，我们就可以获得更大的成就。

同时，我想补充的是：行动、志向和渴望三者的动态关系，同样也适用于风险决策。三 A 模型提供的概念性框架，就能帮助我们做出更好的选择。面对一个高风险的决策，是接受还是拒绝，我们需要停下来问自己，这个风险选择是为哪一个时间跨度服务的：它是我们长期的渴望，还是我们短期的志向？它是否已经落到了行动的范畴，仅仅是为了服务于满足即时需求所带来的短期刺激？如果我们明白了这一点，也就知道什么时候冒些风险是值得的，什么时候是不值的。而且，很可能我们选择的就是可以将机会转化为完全可实现的回报这种更加明智的风险。

举这样一个我的亲身经历。27 岁的我住在洛杉矶，那时的我喜欢穿着潜水服，带着冲浪板去曼哈顿海滩冲浪。我不是一个能够站在大的冲浪板上且经验丰富的冲浪者，我只是一个趴在冲浪板上的新手。但阳光、海浪，以及当我抓住一个波浪的时候，无论浪花多么小，那种危险的小悸动都让我为之兴奋和上瘾。有一天，我和我的朋友汉克和哈里一起出海，感觉有点像酒壮怂人胆。在水面上，我们有两个选择：小浪或大浪。在小浪里你可以更好地驾驭冲浪板，但兴奋感却无法和冲浪高手们在离岸边更远的地方等待大浪相比。随着时间的推移，海浪越来越大。每每征服了一个小浪，汉克、哈里和我就互相怂恿着去尝试大浪。

我可以感觉到我的信心和肾上腺素水平在相互诱导下不断上升。我胆怯地越走越远，直到冲浪高手们等待大浪的地方。即使在地平线上，我都可以看到一个大浪正在袭来。我划向9英尺（1英尺=0.305米）高的海浪，我俯卧在冲浪板上，海浪就像一座大山完全吞噬了我。不出所料，由于把握的时机不对，我瞬间被海浪吞没，并被一股巨大的力量掀翻，一头扎进了浅海的海底，造成颈椎第5节和第6节骨折。有那么一阵，我怀疑自己是否还能走路，而我的左臂也有9个月不能动弹。但最终我康复了，而同年夏天，另外三个也受了类似伤害的冲浪者就没有那么幸运了，因为他们永远都不能行走了。

在仰面朝天地躺在医院的两个星期，我不断品味那既后悔自己的决定，又庆幸没有瘫痪或死掉的复杂心情。如果当时我知道这个"行动－志向－渴望"三位一体框架，不论我会不会做出更谨慎的选择，但至少那是一个经过充分考虑的选择，无论结果如何，我会更心甘情愿地接受。我一定知道，我的人生渴望与冲浪没有任何关系，我永远不可能成为一个伟大的冲浪手，它和我想成为的自己可谓南辕北辙。我也会知道，我对冲浪的志向需要有足够的技能支撑，保证我在不冒受伤风险的情况下享受这项运动。我还会知道，我那由"行动"主导的选择，只是为了满足眼前的快感，和我是谁或我想成为谁没有任何关系。我还是愿意做这样的设想：假如那天我用三A模型作为我的风险决策工具，我一定会做出不同的选择，可惜我不是很确定（使用三A模型虽可以减少冲动，但不能完全避免冲动）。当然，要是放在今天，我知道我肯定会做出不同的选择。

不像颈椎受伤，人们在计算风险和机会方面所犯的错误不一定是戏剧性的和有严重后果的。它们可以是微小且隐蔽的，纯粹为了满足即时利益。想想那些喜欢在赌场里玩老虎机的人你就明白了。赌场收入的75%都来自老虎机。我在读研究生时曾研究过成瘾问题，老虎机成瘾是当时最令我困惑的，而且这么多年来依旧困扰着我。为什么人们会把钱投在一个明显偏向庄家而非赌徒的游戏里？而且人们也都知道，虽然不同机器的赔率不同——都轻轻清楚地印在每台机器前，但老虎机就是赌场里排在第二或第三的最不可能赢到大钱的游戏。

我的本科学的是数量经济学，所以我能理解概率学家用来解释把玩老虎机作为赚钱计划的愚蠢之处的方程式。作为理性的人，概率学家们一定将老虎机视为投资回报率最低的金融游戏，我的想法和他们是一样的。而作为一个更理性、更关注未来的思考者，我的问题出在了假设赌徒对回报的时间跨度也和我想的一样。所以，从渴望的角度，我无法想象那些花几个小时坐在机器前看着灯光一次次闪烁的人是如何找到生命意义的；从志向的角度，我也无法想象有人会把成为世界级的老虎机玩家定为目标。最终我意识到，玩老虎机不存在什么渴望和志向，这些像雕像一样在老虎机前驻足数小时的人，去那里不是为了获得长期利益。他们对遥远而朦胧的未来根本不感兴趣。他们的时间线就落在行动维度，专注于每一次的拉杆，一次又一次，直到感到厌烦或彻底没钱（平均而言，拿着 100 美元赌资的玩家，不到 40 分钟就会输个精光）。

　　我开始明白为什么那么多赌场的常客会对老虎机上瘾，因为他们被困在行动的维度中。我也开始明白，为什么我们在人生之旅中也会落入同样的陷阱，这都和时间跨度有关。如果人有了渴望，其关注的就是所做的事情产生的永恒的和最终的利益；如果人有了志向，关注的就是所做的事情在未来一定时间内获得的利益；如果人开始行动，关注点就在我们所做的事情的即时利益上。所以，老虎机的玩家们关注的都是"行动"和它的即时利益。

　　从我的角度，他们无疑是把钱扔进了下水道，只为能从"赢"中获得一份短暂而微小的快感。但若从老虎机玩家们的时间跨度的即时性来看，这似乎也是合理的。他们甘愿以每杆 1 美元的低成本，以及低概率的大额回报，换来享受高概率即时快感的体验。老虎机玩家们乐此不疲地玩这种我不能理解的游戏，是因为所有可能得到的利益就在下一次拉杆的即时性上，这就是他们甘愿承担风险的原因，损失了金钱但换回了短暂的兴奋和"消遣"。从投资的角度来看，这也不失为他们可以做出的最明智的选择。

不过，老虎机是我一定不会参与的赌博，因为它和我的志向、渴望一点都不一致，全是风险没有机会。

我们承担任何风险都应深思熟虑，因为，有太多的危险都性命攸关，并且其后果有可能改变我们的命运。就像我在冲浪事故中本应做的，用三 A 模型来审核我们最好的和最坏的风险决策，简单得就像核对一份简短的购物清单一样。以下就是在那明媚的一天，三 A 模型本该这样帮助在水上的汉克、哈里和我：

- 我冒着风险所采取的行动是否满足我的即时需求？是的。
- 如果是的话，我的行动是否与我的志向一致？不是。
- 我甘冒的风险是否与我的渴望一致？不是。

当"不"的数量超过"是"的时候，你就需重新考虑所承担的风险了（在我的例子中，我应该得出的结论是，我冒着风险选择大浪去冲浪的唯一即时需求就是我想让我的同伴汉克和哈里刮目相看。如果当时我考虑的时间能稍微长一点的话，就会发现那绝不是一个具有说服力的理由）。至少，我们也会惊讶于自己，有多少次冒险都是在原始情绪和不假思索的冲动中做出的。

虽然是后知后觉，但我们从这份三 A 模型中获得的收获还是很大的：当我们过度关注行动而忽略了渴望和志向时，做出的机会与风险决策往往是糟糕的。这是我们对短期利益预期与长期福祉之间拉锯的典型冲突，若短期利益赢了，就会导致愚蠢的风险产生（也许你也为这样的典型冲突付出过沉重的代价）。

另一个典型的风险评估错误出现在同一硬币的反面。当我们对短期成本（风险）的恐惧阻碍了我们抓住获得长期收益的机会时，错误就会出现。

这就是理查德犯错的地方。他第一次分享这个故事（那位年轻女子名叫凯茜），我就和他讨论过这个问题。我们一致认为，在那一刻支配他做出遗憾选择的原始情绪是一种强烈的混合恐惧，每一种都源于担心被批判和被发现不够资格：

- 担心看起来很傻（他开出租车；她有着常春藤联盟的血统）。
- 担心被发现（她住在富人区的大房子里，和他不是一个阶层）。
- 担心被拒绝（她的父母不会同意）。
- 担心失败（第一次约会也是他们最后一次约会）。

理查德严重高估了与凯茜约会的风险。他被恐惧蒙蔽了双眼，低估了眼前的机会。如果他能抛开"那一刻"的恐惧，着眼于未来，也就是说，如果他能权衡即将采取的行动与他合理的志向，即与凯茜延续他们已经在出租车上开始的这一关系，即使不提他的渴望——成为终身伴侣，他也可能不会在 50 年后还为自己的选择后悔。

假如，在离凯茜家三个街区的"那一刻"，在他转身离开并抛弃她之前，他可以在"行动"与"志向"和"渴望"之间做出权衡，反思自己的长期最佳利益，并问自己："可能发生的最坏情况是什么？她的父母不喜欢我？我说了一些愚蠢的话？

我们有一个糟糕的约会？我再也见不到她了？"然后感叹一句："这就是生活啊！"这肯定会大大减少仍在困扰他的遗憾。

当你在追求任何机会时感到恐惧，一定要问问自己为什么。你到底在害怕什么？如果是你可能遭遇短期挫折，比如被拒绝或看起来很傻，那就尝试改变时间跨度，从长期的角度回看这一段经历：遭到拒绝，会给你的生活留下终生创伤，还是只是在皮肤上留下一时的不适，很快就会愈合？然后，从同样的角度看机遇：如果你抓住了这一机会，最好的情况是什么？你的生活会是什么样子？你对拥有这样生活的感受又是什么？

三 A 模型是一个简单的工具，可以提高我们正确判断风险的机会。但不要让它的简单性使你低估了它在解决看似无关紧要的决定的重要性。毕竟，当我们做出影响志向和渴望的决策时，就是在和我们生命中最重要的事情打交道。事实上，我们并不擅长甄别生活中的哪些选择是重要的，哪些选择是不重要的。在做出决定的一刻，我们严重高估了一些最终没有意义的选择带来的影响，又严重低估了将会改变我们人生的其他选择。我随意决定去到离岸更远的地方追逐更大的浪花，结果差点毁了我的人生。21 岁的理查德做出的毁约决定让他在 50 年后仍为自己的愚蠢行为感到遗憾。就像我们不善于预测什么会使我们开心一样，我们也不善于预测我们以为是微不足道的决策的后果。一旦融入了志向和渴望，没有哪个是小的决定。引用三 A 模型并不能使我们成为完美的决策者，但它会消除我们在看似无关紧要的后果变得非常重要时的一些惊讶。

第 7 章

把面包切成薄片直到找到你的
"绝尘一技"

也许你注意到了我在第 5 章的二元对立列表中有一个明显的遗漏。这个遗漏是我有意为之的。我指的就是我们成年后不断面临的选择之一：成为通才还是专才，哪一个更好？

这个问题是没有正确答案的，两条路径都可以让我们实现丰盈的人生。在通才与专才的争论中，你所持的立场只是个人的偏好，它是假以时日，由你的经验决定的。但到了一定阶段，你必须解决这个争议，从其中做出一个选择。虽然，看上去还有一种可替代的选择，但让生命在你既无一技之长又无广泛涉猎的拖沓散漫中逝去，并不美好。

虽然我永远不会评判你的选择，但我也不是一个没有偏见的观察者。事实上，我要预先警告你，我就是在解决这个二选一的问题时倾向于成为一名专才。因为这就是我职业生涯一直遵循的道路，直到现在，我也看不到有任何其他选择。正如我告诉过你的，在这个问题上，我是有偏见的，也不会因此道歉，希望你已经被打了足够的预防针。

我的职业轨迹并没有预测到我会朝着现在这个方向发展。成为一名专才起初也是无意的。毕竟，我是个行为科学博士，还有什么比了解人类的全部行为需要更广泛的涉猎呢？但是，自从我开始读研究生，我所做的所有事情，都是在练习把我的专业兴趣切割到更细分的领域。

首先，我的兴趣不在广泛的人类行为上，而是在组织行为学上，也就是说，更狭隘地关注人们身处工作场所的行为（在其他时间的行为是别人要关注的事）。

其次，我发现我不想和那些不愿全情投入但又因没有取得成功而倍感沮丧的人一起工作。我想和成功人士共事，而且不是所有的成功人士，是极其成功的人，如首席执行官和其他顶级领导者。

接着说薄片理论。我还会告诉我的潜在客户，如果他们希望在传统管理问题上寻求帮助，如战略、销售、运营、物流、薪酬和股东等方面，我并非适合人选。我只关注一件事：客户的人际交往行为。如果他们在工作中做的一些事情是事与愿违的，我可以帮助他/她，使之变得更好。

但这个过程并不是一蹴而就的。经过经年的尝试、摔打，经过吸收客户的反馈，经过剔除自己能力包里的弱项且保留有用的部分，在我接近50岁的时候，我才敢说我已把面包切得足够薄了。我不仅已经成为工作场所人际行为的专家，还特意将我的潜在客户范围缩小到一个极小的数字，只面对 CEO 和相等级别的人。当然，如果我是医生，我可能就把我的工作范围限制在只为新罕布什尔州的左撇子修复主动脉瓣膜的心脏外科医生这一个领域上。但我越是坚持这样细分地描述我的工作，我就越得心应手，直到有一天，我可以有底气地说，我的制胜绝技——帮助成功的管理者实现持久的行为改变，现在已成为我的"天赋"。30 年前，从事工作场所行为改变的人还不多，我不仅通过切薄面包练就了自己的"绝尘一技"，创造了一份适合我特定兴趣和技能的独特工作，而且，在一段时间里，我几乎独占了这一领域。我为自己创造出了真正属于自己的一片天地。[○]

当你有了自己的一席之地时，你会感到全世界的人都向你蜂拥而至。我相信，这将极大地提高你感受生活中成就多过遗憾的概率。因为，这是你创造出的一个良性循环，你在做你注定要做且擅长的事情，人们因此认可你、需要你，而你又在不断提高。这是一个令人羡慕的境界，是拥有丰盈人生的关键。你已经成为我所说的"专项天才"。

我在这里使用"天才"一词，名副其实地指那些无论对朋友还是陌生人，都可以即刻展现他们在自己专业领域的精益求

○ 我想强调的是，我并非一开始就完全想明白了我的职业发展战略。我需要时间去证明：①首席执行官们面临的问题比普通管理人员面临的问题更重大，因此需要更多的投入；②高层付的费用多。

精，并且具有奉献精神的人。举个这样的例子，有一次我去纽约访问，在早餐会前，我把牙齿撞坏了。整个会议期间我都很痛苦，急需找一名牙医。会议召集者看到我这么痛苦，坚持让我当天就去洛克菲勒中心找他的牙医。在会议室里，他为我安排好了预约，并向我保证说："他会治好你的，他是这方面的天才。"我以前也听过类似这样夸张的推荐，每个人都觉得自己的医生、保姆、水管工、按摩治疗师都是能够解决你问题的世界级魔法师。而这一次，他的推荐确实如他所说。从我踏进诊所的那一刻，在我还没有开口说话前，前台的接待就叫出了我的名字。然后，洁治员为我清洁牙齿，使用最先进的设备，牙医关切的态度和专业的手法确保他不会再加重我的疼痛，我知道我确实是把自己托付给了一个对自己的专业技术倍感自豪的医者。

如果你是在一个主街道有 3 个以上红绿灯的社区长大，你就会认识像那位牙医一样的人。他们可以是当地的工匠、律师、教师、医生和教练，他们在其选择领域里的超强能力给你留下了极为深刻的印象。我认为他们都是"专项天才"（简称OTG）。他们就是诺贝尔物理学奖获得者、加利福尼亚州理工教授理查德·费曼（Richard Feynman）建议他的学生成为的那种人：

"要有所热爱，然后去钻研。如果你对它有足够深入的了解，几乎所有的事情都是非常有趣的。在你最喜欢做的事情上全身心投入，不要去想你希望成为谁，而要去想你应该做什么。其他方面的事情能少则少，这样即使社会也不能阻止你干任何你想干的事。"

我不能告诉你"专才"或 OTG 是什么样子的，我的那些客户和朋友们达到 OTG 状态的方式各异。但除了少数例外，他们几乎都采用了以下 5 种策略中的几个或全部来挖掘他们的"天赋"。

1. 找到你的天赋需要时间

很少有人在刚刚工作时就知道自己在通才与专才之争中的立场。和那个时候的我一样，大家都还很年轻，还没有尝试过这样、那样的可能性，以及体会个中的经验，所以很少有人知道自己的"天赋"到底是什么，要在成年后至少花上 10 年或 20 年才能找到答案。这个时间段被我们称为"暴露差距期"。在你所获得的知识和能力的基础上，你不断地将自己暴露在遇到的新的人、经验和想法面前，取其精华去其糟粕，最终，你会缩小范围，专注于最有可能吸引和满足你追求的事情上来。我自己就是如此，但我想给你分享一个更生动的例子。他叫桑迪·奥格（Sandy Ogg），他不仅在自己的职业生涯后期成为一名专才，而且他的特殊天赋恰好就是识别其他的专才，特别是那些对组织价值最大的人。

我是在读研究生的时候认识桑迪·奥格的，当时我们都在保罗·赫塞教授的办公室里工作。毕业后，桑迪入职摩托罗拉集团人力资源部工作，并很快晋升为摩托罗拉最大部门的首席人力资源官。2003 年，他去了大型消费品公司联合利华，担任同样的职位。那个时候的桑迪已 40 多岁，是包括培训、发展、福利、薪酬、多样性等所有人力资源模块的专家。但是，时任联合利华首席执行官让桑迪把这些职责统统下放给副手，他希望桑迪能够找出一套方法论用来确定联合利华的未来领导者。这个挑战让桑迪完全投入其中，在很短的时间内，他就开发了一种可用来衡量被其称为"从人才到价值"的方法论。通过这个方法论，他对联合利华的 30 万名员工进行了分析，得出的结论是，联合利华 90% 的价值仅靠 56 名员工的贡献就获得了。

我对才华横溢的定义是拥有别人还没有想到的想法，但一旦你听到你又觉得这个想法显而易见。桑迪惊人的洞察力对联合利华的股价也产生了非常积极的影响，以至于著名私募股权投资机构黑石集团也把他挖走，请他进行类似的分析，从而了解在黑石的投资公司中，谁的价值最大。桑迪了解到顶层管理人员的薪酬与他/她带给企业的价值之间的相关性并不高。他的洞察还揭示了每一位首席执行官都希望了解组织的薪酬中位值，以判断谁的薪酬过高，谁的薪酬过低。这对一家私募基金公司来说获益巨大。因为，它们都是通过杠杆资金投资的，这一发现大大提高了合理估值在销售时的重要性。通过销售收入获得的每一美元可能代表的是你原始投资的 10 倍。桑迪的方法论不仅可以帮助公司确定谁值得保留，哪位经理人应该被放弃，而且他还得出结论，鉴于成功给私募基金带来的超额回报，某些人对企业产生的价值是值得支付任何数字的高额薪酬的。而这些人，据桑迪的了解，无一例外都是专才，他们的价值就体现在对他们的描述上：他们都是"专用的"。所以桑迪认为，对于这些人，要不惜一切代价留住他们。

当桑迪在公司深入调查被低估的人才时，他总是会寻找被管理层忽视的专业人才，这些人很少会是参加每周高级管理会议上的通才领导者。通常，他会采访组织不同层级的人和他们的工作伙伴，留意一个到两个被反复称赞的超级明星。在一次访谈中，他听到公司的采购主管不断被夸奖。当他把这位采购主管的第一手资料汇报给首席执行官时，他问道："这里最重要的 10 个岗位是哪些？"

首席执行官从他自己开始，顺着他的直接下属这个金字塔往下数。

"那采购主管呢？"桑迪问道。

首席执行官一脸茫然。

"你知道你们的采购主管是谁吗？"

首席执行官说他不知道。

桑迪解释了为什么建议首席执行官应该去认识这个家伙，因为他非常擅于为公司节省开支。桑迪也了解到相关的具体金额，他说："失去他，在你的价值议程[⊖]上会留下 6 亿美元的缺口。"

㊀ 价值议程（Value Agenda）指的是企业在创造价值和实现特定目标，如增加收入、降低成本、提高效率、提升客户满意度等方面制定的战略方案和优先事项。——译者注

桑迪揭示出为企业创造出巨大价值的员工，与公司为了培养所谓符合岗位要求的员工在培训、薪酬和培养上所做的投入之间的脱节。桑迪认为，这些做出巨大贡献的人通常都是专才，他们不是被忽视就是被低估，这种情况不能再持续下去了。

桑迪是我心目中拥有"绝尘一技"的典范和挖掘"绝尘一技"人才的专家。他以人力资源专业人士的广度和厚度为起点，先将关注点缩小到需要引起高层管理者足够重视的一个具体数据上，明确谁的工资高配，谁的低配；继而又将所有发现归结到一个连 CEO 也没有意识到应该提出的问题上：组织中有谁的工资永远不会高配？有趣的巧合是，当桑迪为公司识别价值创造者时，其实就是在识别跟自己相似的—— 一个无法被商品化、无可替代的专才。

下次当你不明白为什么要花这么长时间才能确定一份让你全情投入并获得成就感的工作或职业时，你要记住，你需要多年而不是几个月的经验来积累基础知识、工作习惯和人际关系，如此你才能够将面包切成只属于你的专长的那一片。若添油加醋地让比喻再恐怖一些，那就是你必须让面包充分烘烤后才能切片。

2. 在错误的位置上即使天才也无法熠熠生辉

当桑迪·奥格在联合利华首次尝试将天赋与价值联系起来时，他发现自己忽略了一个重要的因素，即人们想当然地被要求承担的角色。即使你拥有非常有天赋的人才，但把他们分配到错误的角色上，他们的才华也会被浪费，事业也会失败。没有任何一名天才能克服不合适的角色所带来的挫败。

桑迪的洞察是，并不是 30 万名联合利华员工中的 56 个人贡献了公司 90% 的价值，而是 56 个角色做出了巨大贡献。他的工作就是给这些角色匹配合适的人选。一旦匹配成功，就如同听到一声"咔嚓"声，就像安全带被扣好了一样。若听不到这样的声音，则意味着人岗并不匹配，创造价值也就无从谈起。

这在我们的个人生活中也是一样的。我们每个人都扮演着不同的角色：伙伴、同事、父母、朋友、兄弟姐妹、儿子、女儿。我们凭直觉知道，我们在某一角色中表现出来的行为，不一定在另一个角色中也有效果，这也就是我们和配偶说话的方式与和上司说话的方式不同的原因之一。但做到与角色合一，对我们的要求也会更高。我们是否对这些关系有附加价值？我们为角色的附加值所做的努力和我们的能力一致吗？这个角色对我们重要吗？每天早上当我们醒来时，我们是否心甘情愿地穿上角色的外衣，而不是因为没有其他选择而勉强接受？当我们对上面三个问题的答案都是"是"的时候，我们找到自己"绝尘一技"的机会就会更大。

3."绝尘一技"并非"一招鲜"

切莫把"绝尘一技"与贬义的"一招鲜"混为一谈，"一招鲜"带有评判性和诋毁性的味道，指的是滥用有限技能的人，无论遇到什么情况他们的反应都一样，在篮球场上也永远只用那一招，因为他们别无选择，会的就这么多。

与之相反，"绝尘一技"是深思熟虑之后的选择，代表我们主动追求，而非勉强为之。我们搜寻自己的工具箱，丢弃那些无法达至卓越潜力的技能，全神贯注在我们不介意用一生去完善的天赋上。

你的某项天赋、你的制胜一招并不是最重要的，重要的是你诚挚地尝试去提升和完善它。从这个意义上来看，任何人都可以成为掌握"绝尘一技"的人。你不需要像数学、音乐或网球领域的神童们一样拥有超常天赋才能获得 OTG 的称号。城里最好的寿司厨师就是具有"绝尘一技"的人（厨师的"一技"就是只用生鱼这唯一的原料；"绝尘"代表了就算一种食材也无法限制厨师的发挥）。最忙的处理破产的律师、总是被预订的理发师、常年带队赢得洲际比赛冠军的高中合唱团指挥，无论是从业内或外部哪个角度评判，他们都是镇上的行业翘楚。所以，很可能每个人也都在各自的"绝尘一技"中找到了成就感。

4．你的独特之处也正是你的天赋所在

贝茜·威尔斯（Betsy Wills）是一间位于纳什维尔市的能力测试公司 YouScience 的创始人。她建议，鉴于"天赋"的来源，我们不仅测试那些令我们开心的倾向与习惯，也会检验那

些让我们沮丧和挫败的习惯。她是从她丈夫雷德利·威尔斯
（Ridley Wills）的职业选择中观察到这一点的。十几岁的雷德
利就养成了对秩序与精致的审美眼光。他的外祖父是一位建筑
师，父亲是一位历史保护学者，因此雷德利对建筑行业也非常
了解。他能分辨 30 种不同的蓝色；能看出木匠的手工没有找
平；不仅一眼就能看出建筑物设计或施工上的瑕疵，而且非常
愿意动手补救。同样，若房间乱糟糟的，他一定要把它打扫干
净。这既是他的天赋，也是他的诅咒，令他的生活处在让人发
狂和疲惫不堪之中。

雷德利的这个情况在进入大学的头两年并没有好转，直到
他意识到自己注定要成为一名建筑师。于是，他从斯坦福大学
转到弗吉尼亚大学，因为那里有最好的建筑系和美丽的新古典
风格的校园。大学毕业后，他回到在纳什维尔的老家，创建了
自己的工作室，并迅速确立了自己作为该市顶级住宅设计和建
造公司的地位。在他 30 多岁的时候，他参加了一个心理剖析与
职业匹配的研究项目，经过两天的测试，研究人员得出结论，
雷德利有非常强大的"音调辨别"感知力，类似于音乐家对音
准的感知。而雷德利此前就是将他的音调辨别能力，持续地应
用在感知住宅质量和美感的微小区别上。研究人员并不知道雷
德利的职业，他们告诉他，他最适合做那些注重细节和高度精
细的审美鉴别工作。他们建议他成为一名美术摄影师或高端的
住宅翻修专家。

贝茜告诉我："我们中的大多数人若能在工作中做到 90%

就很满足了，而我的丈夫的目标是 99%。好在，他也选择了这么一个能够让他释放他的强迫症，令自己快乐而非痛苦的职业。"

这并不是我第一次听到痛苦的潜在来源也能被演变成一个人的"绝尘一技"。几年前，我曾在一个晚宴上遇到一个人，他告诉我他能闻到隔了两个房间之远的厨房正在准备的晚餐的香味。他声称自己如此灵敏的嗅觉可以闻到患有精神疾病的人的气味（由代谢缺陷引起，特别是在精神分裂症患者中尤为明显）。当一位精神病患者上了他家乡阿姆斯特丹的某辆公共汽车时，他就会立即下车以逃避那种难闻的气味。

"这对精神健康专家来说是非常有价值的才能，"我说，"你回到阿姆斯特丹就是为了从事这个职业吗？"

"不，那对我来说是地狱，"他说，"我是位调香师，我为那些想拥有自己独有标志香水的富人们定制香水。"

"这也可以谋生吗？"我问。

"人们总是想闻到好闻的味道，我能让他们高兴。"

某种特殊才能可以帮助你也可以折磨你，让它成为你的盟友还是你的克星，是每个人自己的选择。

5. 通才也可以拥有"绝尘一技"

乍一看，首席执行官们似乎最终都走向通才。但若剥开必要的综合领导技能的那层皮，如沟通能力、说服力和决策力等，不难发现每一位优秀的 CEO 都还有一个非常具体的技能或核心价值，他们将其视为自己的"绝尘一技"。某个 CEO 的"绝尘一技"可能是主持一场高效的会议；另一位的可能是有效协同组织中的各个层级。"绝尘一技"对每一位首席执行官来说，都是他们获得声誉和尊重的基础，是掌控一切的手段。

或许是被他们强大的权威和个性所掩盖，这种专才品质在卓越领导者身上并不容易被看见。但如果你非常留意，就能够看到。让我来举这样一个例子：在大卫·爱泼斯坦（David Epstein）2019 年的畅销书《成长的边界：超专业化时代为什么通才能成功》（*Range: Why Generalists Triumph in a Specialized World*）中有一篇是介绍我最钦佩的、伟大的朋友弗朗西斯·赫塞尔本的。这本书的论点（和副标题）似乎和我在此处的阐述有所矛盾，可从爱泼斯坦详细的介绍中，我们还是见证了造就弗朗西斯成为伟大领导者的经历：她从最初只是一名忙碌的志愿者，如何在六七十岁的年纪复兴女童子军，如何获得比尔·克林顿授予她的总统自由勋章，如何被彼得·德鲁克称为美国最好的 CEO。爱泼斯坦大概是想说明，弗朗西斯杰出的领导技能源于她广泛背景的积累。然而，他还没能确切地说明让弗朗西斯与众不同的技能，实际上是通过一个问题看待一切，即"我能如何为他人服务？"而这就是她独有的"天赋"。她所有的智慧、权威、正直和同情心都经由它流露出来。这就是弗朗西斯能够让别人以她的方式看待世界的独特之处，她也是通过这样领导他人的。

2014 年，我邀请了 6 名我的客户来到我在圣迭戈的家进行为期两天的高强度会议，从而帮助每个人弄清楚他们下一步想做什么。我也邀请了弗朗西斯，即使她当时已经 98 岁，我知道她的出现会自动提高整个会议的智慧水平。第二天，我们的注意力转向一个女人，让我们称她为罗丝·安妮（Rose Anne），那时，她还不到 50 岁，在 3 年前以一笔可观的价格卖掉了她的公司，与丈夫从明尼阿波利斯搬到亚利桑那州的一个小镇上，以种蔬果为乐。但这次搬家对罗丝·安妮是灾难性的，因为，凝视亚利桑那的日落并非她的理想，根植于内心那不安分的企业家天性又让她在当地投资了一家餐馆和一家健身俱乐部，但这些和客户面对面打交道的生意与她最初发家的方式大相径庭。仅在一年内，她在小镇上应用的强硬商业技能，让她遇到的每一个人都想方设法地疏远她，以至于她的丈夫威胁说，如果她还不肯悔改，就搬回明尼阿波利斯。当她在我家诉说这一悲惨故事时，我们给她的建议没有一个是有帮助的，直到最后弗朗西斯发言，她告诉罗丝·安妮说："在我看来，你一直考虑的是自己，也许你应该尝试帮助别人。" 我们所有人都知道她是对的，包括在绝望中迷失了方向的罗丝自己。她冲着弗朗西斯点点头，感谢了她的建议。弗朗西斯只说了两句话，但在说出这两句一针见血的话的那一刻，我们所有人都明白，它为罗丝·安妮指明了一条扭转命运的道路。这就是弗朗西斯的"绝尘一技"。弗朗西斯致力于为他人服务，她以自己的榜样力量影响陌生人，并让这些人愿意跟随她的脚步。她的权威就起源于这为他人服务的单一特质。本质上,她是一个伪装成通才的专才。5 年后,罗丝·安妮参加了市长竞选,并赢得了胜利。

必须要补充的是,我并非在贬低爱泼斯坦的书。《成长的边界:超专业化时代为什么通才能成功》很吸引人,论据充分、细节丰富。如果我没有理解错的话,爱泼斯坦主张那种大器晚成的专才,也就是尝试了各种可能性后,最终落定在一个值得倾注全部注意力的领域。我相信我们的理念是一致的:如果人们足够幸运,一定是始于通才,终于专才。

像一名专注的工匠全情投入在自己认为值得并能够尽善尽美的工作上,我印象中掌握了"绝尘一技"的人在工作中就是这样的。在这种状态下的人把职业看作是一种召唤,而不是一份工作。因此这类人所追求的不仅是薪水,更是个人的成就感。这就是成为专才的好处:当你找到成就感之时,你的世界会因此更加辽阔;你发现的范围狭窄的专业知识,反而可以应用到更广泛的问题和机遇中。"绝尘一技"并不是一种羞辱,只会把你禁锢到枯燥和单调的生活之中。恰恰相反,当你培养出一个高度专业化的技能,并能够像一名专注的工匠那样去实践它时,你就掌握了更多的话语权,为自己创造了更广阔的未来。你越独特,就越抢手;你越投入,就越能达成更伟大的使命;你获得了成就感,同时也活出了自己的丰盈人生。

章节练习一

如何聆听"你可以做得更多"的演讲

　　柯蒂斯·马丁曾向我描述了他在美国国家橄榄球联盟中的一个重要时刻，其发生在 1996 年新英格兰爱国者队的训练营中。当时柯蒂斯的新秀赛季结束，他以 1487 码（1 码 = 0.914 米）的冲刺成绩领跑美国联赛。主教练比尔·帕塞尔斯，一位传奇的激励者，召集所有的跑卫手和接球手进行终极悍将的耐力测试，包括加速跑和练习。50 分钟后，当筋疲力尽的球员们陆续离场时，柯蒂斯决心在帕塞尔斯吹响哨子之前决不放弃。1 小时后，他是唯一留在场上的球员。他手脚并用地完成了短跑，直到帕塞尔斯仁慈地结束了这次训练。回到更衣室后，教练对他说："我这么做是因为我想让你了解自己。**你的能力远超出你的想象**。"

　　柯蒂斯的故事提醒了我，在我们的生活中，我们每个人都听到过不同版本的"你可以做得更多"（或简称 YCBM）的演讲。我相信你对它再熟悉不过了。因为，它是你父母的看家本领，是为你打气的核心部分，无论是他们陶醉其中的时候（"我为你感到骄傲……"）还是失望的时候（"我对你的期望更高……"），这句话都以这样或那样的形式出现。

　　不幸的是，这句在你生活中一定能定期听到的话，总是被人故作随意地以各种形式抛入话题，因此，在谈话中也最容易被当作耳旁风。很少有人会像拉响刺耳的警报那样，宣布一枚 YCBM 导弹正在向你袭来。

　　当联合利华的首席执行官要求桑迪·奥格为公司定义有

价值的人才时，桑迪听到的 YCBM 是一项任务；当我对着马克·特尔塞克大喊"该死的，你什么时候才能有自己的生活"的时候，马克听到的是绝望的爆发；当艾莎·贝赛尔问我"谁是你心目中的英雄"时，我听到是一个掷地有声的问题。幸运的是，在上面这三种情况中，YCBM 的信息都被响亮且清晰地传递了出来，并且改变了三个人的人生：桑迪、马克和我。

那些我生命中的关键时刻，那些我更接近自己的"绝尘一技"的时刻，都源于一段不请自来的、意想不到的 YCBM 讲话。如保罗·赫塞让我在一次演讲中代替他，并保证我能圆满完成；美国运通公司的负责人告诉我，即使没有高级合伙人，我为自己工作也会更好；一位来自纽约的文学经纪人找到我说："你应该写一本书。"这些还只是我接收到 YCBM 信息的部分时刻，谁知道我还有多少次因为不专心而错过了同样重要的信息？

请完成以下练习：

在足够长的一段时间里，至少是一个月，把每一次别人对你说的关于被你自己一直忽视的潜力的话都记录下来。可以是具体的赞美（"你在会议上提出的观点太好了，我从来没这样想过"），或者一个开放式的建议（"你应该更自信一些"），或者是严厉的爱（"重做一遍，我对你的期望可比这要高"）。这并不是要测试你对这些评论的理解是对还是错，而是要你擦亮眼眸、悉心倾听，了解人们是多么喜欢谈论他们眼中的你。你有哪些前途或你有什么欠缺，这些都应该被你开发利用起来。你并不只期待赞美，你期待的是如何让自己变得更好的见解。

这些赞美，无论是有意义的还是空洞的，都应该很容易被发现（我们擅长跟踪指向自己的赞美）。但对那些一针见血的批评和残忍又诚实的评论，尽管直觉告诉我们这些才是最深刻和最有行动价值的建议[⊖]，但我们却不容易捕捉到。因此，一丝不苟地记录能够帮助我们提高对批评的觉察和理解——一定会的。

此外，记录你给别人提供 YCBM 信息的时刻，你自愿提供反馈以使别人变得更好的时刻也是加分项。你可能已经在这样做了，只是还没有意识到这也非常值得赞赏。YCBM 是我们生活中最纯粹的表达慷慨的形式之一，对给予者和接受

⊖ 一位银行家曾告诉我，他年轻时的职业生涯的转折点就出现在被一次看似随意的羞辱性评论激发后，这条评论实际上是一条"你可以做得更多"的建议。我请他把这个故事写了下来：

我刚开始工作没多久就接触到了一家标志性的美国大联合企业集团的首席执行官，我提出了一个非常有创意的再融资建议，可以为他的公司节省大量资金。我花了将近两年时间最终让他签署和完成了这笔交易。在这期间，我会时不时地向他汇报方案的重要进展。他非常忙碌，我不愿总去打扰他。我们称不上是朋友，他是个大亨，而我是个小人物。但他有时会突然给我打个电话，我们会聊聊政治或体育这些奇怪的话题，但很少谈及交易。每次谈完我就会问自己："他说的那些是什么意思？鉴于我和他相差甚远的级别，我从未想过我们之间能成为朋友。"

在完成交易后的某一天，我安排他和我们银行的董事长见面以示庆祝。在他的办公室里，我们三人碰着酒杯，看得出，他们的心情非常愉快。这笔交易让我的客户的董事会非常满意，我们银行也狠赚了一笔。但接着，他们话锋一转，

者都是良药。就像诗人玛吉·史密斯（Maggie Smith）说的那样："照亮别人的光，也会照亮自己。"

章节练习二

"绝尘一技"的圆桌练习

这是个很有挑衅性也很有趣味性的一个练习。

请完成以下练习：

请 5 位互相熟悉的朋友去你家，与你一起玩这个游戏。

开始谈论我，就像我不存在似的。他们拿我的少不更事开玩笑（当时我 29 岁），还说我的职业发展多亏有他们。然后，这位首席执行官向董事长坦率地谈了对我看法，这些话今天还言犹在耳。他说："他很有创造力，是个伟大的'谈判专家'，但也是一张'未铺好的床'。他是笑着说这些话的，但我知道他并不是在开玩笑，他就是想让我听到这些。他没有再详细展开，谈话也转到了其他事情上。但无疑他已经捶打了我，打的我内心淤青。"

好几天我都在想那句"未铺好的床"是什么意思，我怎么惹得他不高兴了。我想不出在文书工作和法律文件方面有什么疏漏。然后，我回忆了所有他打来的闲聊的电话，因为担心浪费他的时间，我总是会迫不及待地希望他尽快挂断电话，丝毫没有觉察到他流露的由于帮助我成功而得到的满足。不时地打电话是他培养和我之间信任和友谊的方式。他其实是在暗示，商业的意义不只是创造力和交易，如果我忽视了人的因素，特别是互惠的部分，如帮助别人所获得的满足感，以及通过回报你也得以体验的满足感，我将错过工作中让我们的感情也得到满足的部分。实际上，他就是在说，在与客户打交道这件事上，我还可以做得更好。此后，我再也没有犯过同类错误。

从你开始，认定一项藏而不露或显而易见的只有你自己知道的特殊才能。其他人必须做出回应，不可以跳过。如果他们不同意你的认定，就必须说出一条可替代的选项。以此类推。直到每个人都说了自己的特殊技能。

对任何他人的评论都可以进行辩论，但不能出言讽刺或恶语相向；也不能对他人的坦言相告表示愤怒或怀有敌意。全小组一共要发表36条同意或不同意的意见，但谁也不可以造成他人的不愉快。

这个过程可能会有恭维、痛苦和惊喜，但绝非自鸣得意或自我鞭挞的练习。就像YCBM那样，它其实是关于自我觉察和互相帮助的。我第一次做这个练习的时候，很自信地断言，我的特殊才能就是我能比别人更早地发现他们的动机。经历了三年领导加利福尼亚大学洛杉矶分校激励交锋的会心团体（20世纪中叶出现的一种咨询形式，鼓励参与者在遭遇冲突的环境下表达自己的真实情感）之后，20多岁的我就相信自己的这一独特能力。对于我的这种天赋在场没有人表示异议，但也没人觉得有什么特别之处，因为还有几个人也说他们非常善于发现别人的动机。但一位我辅导了12年的女性朋友说出了最为准确也看似最为平平无奇的观察。她告诉我，我的天赋是，即使再重复的活动，我也不觉得无聊。比如，我可以在一年内，对我想传递的信息以同样高涨的热情重复100次。她接着说："许多人都理解渴望，但很少人能坚守初心。"在她说出来之前，我从来没有把这种能力视为什么特别的技能，我唯一的回应就是"谢谢"。

第 **2** 部分

赢得你的人生

第 8 章
如何赢得人生：自律构建五要素

在开始新的章节前，让我们先回顾一下我们是如何来到这里的。在开篇的序言中，我们曾断言：**当我们在每一刻做出的选择、承担的风险和付出的努力与我们生活的首要目标保持一致时，无论最终结果如何，我们都将拥有一个丰盈的人生。**在之后的每一章中我们都专注在实现丰盈人生所需要的心态方面。根据佛陀的教诲，我们讲了关于自我感知探寻的"一呼一吸"范式；然后，我们回顾了许多迫使我们过着不属于自己生活的牵制力量；接着，我们用一份赢得丰盈人生所必需的技能清单（动力、能力、了解、信心、支持和市场）来对抗这些牵制；之后，我们讲了将生活中的众多选择减少到只有一个的价值；接着就是关于渴望的章节，指出我们决定自己想要什么和想成为什么样的人之间的至关重要的区别；然后到了第 6 章，我们测试了在生活中我们愿意接受的风险水平；最后，在第 7 章中，在解决永恒的专才与通才的二元辩论中，我敦促你选择专才。第 1 部分的每一页，我们持续的主题都是关于选择的，即如何改善我们的选择，让它为我们服务，而不是给我们造成破坏。

在第 2 部分中，我们专注的不再是心态，而是行动，赢得丰盈人生所需的行动。你要面临的挑战，是需要用一套新的框架来实施你的选择，并把事情做到最好。

传统范式强调的是自律与意志对目标达成的作用。如果我们想取得成功，必须虔诚地遵循制订好的计划，抵制任何可能诱使计划偏离的干扰。自律给予我们一种面对困难迎难而上的力量。意志则给予我们对所有不好的事情说"不"的决心。对那些具备这两种美好品质并由此克服了非比寻常的困难的人，我们的钦佩程度无以言表。比如：减了 60 磅（1 磅 = 0.45 千克）并未再反弹的表妹；最终能说一口流利意大利语，实现了一生夙愿的邻居。

但反观我们自己，没有什么值得让人钦佩和赞叹的地方。在我们高估自己的所有个人品质中——智慧、谨慎、驾驶技术、接受批评的意愿、守时、聪明等——自律与意志可能排在第一位。我们不断地减肥失败、搁置的健身卡、比较低的外语水平无一不证明这点。

我在 30 岁出头就不再高估我的自律力了（对我而言，能够承认这种失败是值得骄傲的）。然而，我并没有把这种洞察延伸到当时我培训的客户身上，因而我一次又一次地高估他们的自律力。直到被客户用一个显而易见的问题难倒，我才幡然醒悟。那是在 1990 年，我在诺斯罗普公司，也就是现在的诺斯罗普·格鲁曼公司举办"价值观与领导力"系列研讨会。在其中一次全天的会议之后，肯特·克雷萨（Kent Kresa），刚刚带领公司完成濒临破产到涅槃重生的诺斯罗普·格鲁曼公司新任首席执行官走上前来问我："你这个培训有用吗？"

我的第一反应完全是从自我辩解的角度说："当然可以。"但实际上，以前并没有人问过我这个问题。

于是我转而说道："我想是有用的，但我没有做过任何调研来证明它的效果，所以，我不确定。不过，我会找出答案的。"

在我的培训课上，我会指导领导者们定期聆听各自团队的反馈，以了解他们在课堂上学到的东西在实践中的运用情况。而我，假设他们会遵循我的指示。寻求对培训活动的反馈，是调整和改进我们培训表现行之有效的方法。但我从来没有跟进了解过，他们是否真的把我的要求放在心上。

其实，我没有质疑过自己培训计划有效性的原因也很简单：我就是怕听到答案，所以最好的方式，就是把头埋进沙子里，假设效果是最好的。在克雷萨问了这一试探性问题之后，我的想法改变了。我和诺斯罗普·格鲁曼公司的人力资源团队，对每个月前来参加培训课程的领导者是否聆听同事们对他们在课堂所学的反馈进行了调查。几个月后，结果令人鼓舞，我们对学员检查的次数越多，他们从同事那里得到的对自己管理技能的反馈就越好。我们的跟进对学员是一种持续的提醒，他们在课堂上花了一天时间学习到的手册上的策略，需要在实际工作中消化和练习。这种调查还隐含了另外一种信息，管理层对此高度关注，即督促他们更好地去寻求反馈，同时也更好地把他们在课堂上学到的东西应用于实践。

几个月后，我对回答克雷萨的问题已胸有成竹："是的，人们会变得更好，但只有在跟进的情况下。"

"年轻人，"他说，"我刚刚成就了你的事业。"

他是对的（他的这个问题和"你可以做得更多"一样，对我人生的改变作用重大）。从那一刻起，跟进所有的行为改变成了我思考和教练他人重要的组成部分。在此之前，我一直依靠个人动机和自律来推动人们按照我的指导行事。我觉得："我已经教给你们了，学得好不好，用得好不好，取决于你们自己。"这当然是愚蠢且自欺欺人的。几个世纪以来已证明：人类以任何方式进行的自我管理结果都不尽如人意。我很幸运，被肯特·克雷萨的基本问题"你这个培训有用吗"治愈了自己的愚蠢。

我了解了跟进在行为改变中的作用。但跟进本身没有效力，它必须与其他几项行动结合起来，才能逐渐体现动机、能量和自我约束的力量，这些原本我们以为是自律和意志的作用结果。

这个新的行动框架对我们生活所需的自律和意志做了重新诠释。人们向来认定这两个崇高但过度概括的属性是实现成功的核心技能，在我看来并非如此，相反，它们是我们成功的**证**

据，是只有事后我们才认识到的品质。我们又过度简单化地冠以自律和意志之名，其实它们也可以是（勇气、韧性、毅力、坚持不懈的精神、胆识、骨气、人品、顽强、决心等）。如此独特且精准的概念不应有那么多的同义词。所以，我认为，用以下内容来诠释"自律"和"意志"更加具体和容易理解：

- 遵守
- 担责
- 跟进
- 衡量

这四种行为可不是自律和意志的代名词；它们是取而代之，作为我们新框架的一部分来使用的。这四种行为中的每一种都有其特定的适用场景，如相对于担责、跟进和衡量，遵守所解决的问题是不同的。在我们努力奋进的过程中的不同时刻，我们会利用其中一个或多个要素来帮助我们。而将它们合为一体，则威力更大，能够成为指导我们追求任何目标的框架。我相信你在日常已经用到了，尽管没有那么全面。但如果你希望拥有丰盈人生，它们一定能帮助到你。没有它们，你没有成功的机会可言。原因如下。

1. 遵守

遵守反映了你对外部政策或规则的服从性。最常见的例子就是我们去医院，医生给你开了药，你唯一要做的就是按时服药，除此之外，再没有别的任务。只要你遵守医嘱，病情就会好转。然而，据估计，50%的美国病人要么忘记吃药、要么停药、要么从不服药，这充分说明遵守的困难。即使事关健康，甚至可能危及生命，我们都未必服从，空有万全之策。

我24岁的时候，右手中指在一场篮球比赛中，因为接一个传球而骨折。手指顶端的三分之一像断裂的树枝一样耷拉下来。我去图书馆研究了这种伤势，了解到这种伤也被称为"棒球指"。治疗方法很简单但也很冗长，我需要打8周的夹板，并且在冲完凉后还必须清洗和擦干，从而确保没有重新拉伤肌腱和破坏愈合的过程。当我向加利福尼亚大学洛杉矶分校诊所的医生描述我的研究结果时，诊所的医生说："你是对的，是'棒球指'，你需要按照要求带好夹板，12周内来检查，你会没事的。"

我完全遵照医嘱，每天就像一位给新生婴儿换尿布的虔诚母亲，洗净、擦干手指，重新带上夹板。8周后，我回到诊所，医生检查了我的手指，并告诉我已经痊愈了。然后他补充说："我很佩服你真的做到了，很少有病人能坚持这么久。"

这是我从医生那里听到的最令人失望的说法了。他是诊断清楚了我的问题，并提供了正确的治疗方法，但他完全没有告诉我坚持完成这些步骤的困难性，或者说，没有警告我可能做不到。是否遵从医嘱完全取决于我，而他对此也不乐观。这和他让我在一条没有停车标志、没有速度限制，也没有"前方陡坡"或"危险弯道"警告牌的路上开车有何区别。

这让我想起了希波克拉底的那句箴言："首先，不伤害。"
可是，他同时也敦促医生要"让病人配合"。而我的医生不仅
没有指望过我遵照医嘱，而且他自己也没有遵守希波克拉底的
命令。可悲的是，这种做法在美国并非特例，而是司空见惯。
在美国，因病人不配合所浪费的成本每年约 1000 亿美元。你
只需想一想，你的医生是否曾经向药房检查过你有没有去拿他
开的药，或者在你就诊后的一两周他是否打电话给你以确保你
在按时服药，便可知我所言不虚。

当然，医生并没有错，因为遵守很容易理解（"如果我遵照
医嘱，我就会好起来"），但做到很难（"唉，我必须每天都要
吃药"）。无论我们是无视医生的建议、老师的暑期阅读清单或
每晚的家庭作业、父母要我们整理好床铺的要求，还是编辑们
要求的最后期限，人们在遵守方面的自律性都是非常糟糕的。
但我还是希望我的医生能有一点责任感，提醒他的病人们遵照
医嘱。

当然，简单的事实是：你不能指望发布命令的人握住你的
手以确保你遵守命令。这是你自己的事！你也不能指望在任何
情况下都必须遵守。我之所以能完成夹板治疗，只是因为我很
痛苦，不想让自己有一只失去功能的手。如果没有这些，我也
怀疑我是否会如此服从。

"棒球手"事件教会了我这样一件事：我们只会在由于没
有遵守而遭受极端痛苦或惩罚的情况下——不论是身体上的、
经济上的还是情感上的——才更有可能遵守所建议的行动方案。

只有当你面临这些极端情况，遭受当下的痛苦或惩罚的威胁，认识到严重性的那一刻时，遵守便不再是个挑战，因为你已别无选择。若非如此，你可能又萌生其他应对策略。

2. 担责

遵守，是我们对他人强加给我们某种期望的有效反应。**担责**，则是我们自己强加给自己对某种期望的反应。我们的责任感有两种形式：一种只对自己，另一种对外公开。

个人担责形式最常见的例子就是待办事项清单。我们把每天的待办事项写在一张黄纸上或输入手机，然后做完一项划掉一项。每划掉一项都是一次小小的私下的胜利。如果我们只完成了清单的一半，我们会把未完成的部分放到第二天的待办清单中。但如果其中一些事项一周后还未完成，这种挫败感或羞耻感也只有我们自己知晓，没有人需要知道。

我更偏向公开形式。当你把意图公之于众时，风险会自动提高（因为你已在众目睽睽之下），当然你的表现也会更好。当众受挫的恐惧和个人私下的失望，会形成一种强大的动力。这也是我坚持让我的教练对象向他们的同事公布改变自我行为计划的原因：公开，让改变的努力可见；可见，进一步提升了责任感。

3. 跟进

遵守和担责是同一枚硬币的两面，一面是外人强加给我们的，一面是自己强加给自己的，但都是我们作为个人需要单独去承担的重任。跟进是将外界的强制力量引入到这个组合之中，让我们突然意识到，别人在检查我们，对我们的意见感兴趣，重视我们的反馈。我们不再是我们生活的唯一主人，我们被征召到一个团体中为的是被观察、被测试和被评判。而这种征召彻底改变了我们。不管我们喜不喜欢，跟进都是一个提高我们自我意识的有价值的过程。它迫使我们诚实地评估自己的进展。如果没有跟进，我们可能永远不会花时间问自己将事情做成什么样了。

跟进的形式多种多样，可能是人力资源部的人进行的全公司范围的调查，也可能是我们的老板要求提交的一份每周进度报告，还可能是供应商回访我们对购买的产品是否满意。在随后的章节中，我会向大家推荐一个具体的跟进方式，即福特公司所用的"商业计划回顾"，它是以每周一次小组会议的形式开展的，出席会议的人可互相监督工作进展。无论采取何种形式的跟进，我们应该予以欢迎而非厌恶、对抗。这是一种支持性的举动，而不是对我们诚信和个人空间的侵犯。

4. 衡量

衡量是反映我们优先事项最真实的指标，因为我们衡量的就是我们没有的。比如：如果财务安全是你的第一优先事项，你会每天检查你的净资产；如果你认真减肥，你每天早上都会先去量体重；如果你有胃病，你会测量你的肠道菌群。

量化自我运动是一个由科学家和技术专家组成的新兴社区，旨在通过测量各种形式的个人数据——从每天走多少步到每周花多少时间在社交媒体上——以更好地了解自己。我虽然不是其会员，但在过去的几年里，这些测试对我也越来越重要。我跟踪了我的睡眠时间、离家日子的长短、我对孩子说爱他们的时间、每天感到感恩的时刻，以及去米其林餐厅吃饭的时间，每一个数字都会帮助我有所改进。也有某些情况，当我达到"足够好"时，我就不再追踪。比如，在我达到 1000 万英里（1 英里 =1.609 千米）并收到美国航空隐藏会籍的那一刻，我就停止了多年来让我痴迷的航空里程的累积并宣布胜利。在我写这篇文章的时候，我正在追踪每天的步数、对莉达说的甜言蜜语、每天安静思考的时间、与孙子们面对面的时间、摄入白色食物（糖、面食、土豆）的数量，以及每天花在次要优先事项（如看电视等活动）上的时间。

不是每一个对我们重要的衡量指标都必须是一个硬性的、客观的数据。软性的、主观的数字也同样有意义。我的朋友斯科特因病情需要，在医生的监督下进行严格的节食。节食 6 个月后，斯科特的内科医生（他自己也采用了这种节食方式作为预防措施）让他估计一下对严格饮食的坚持程度。斯科特说："98.5%。"这位内科医生没有任何表示，就转而问下一个问题。这种零反馈让斯科特非常恼火。第二天，他又给这位内科医生打电话，说："当我告诉你我做到了 98.5% 的时候，我觉得你对我的评价太苛刻了！""一点也不，"内科医生说，

"其实，是太为你骄傲了，因为我自己从没有超过80%。" 听到两个测量值的比较，尽管它可能并不精确，但对斯科特来说立刻就有了意义，让他对自己的自律力大为骄傲。

在下一章中，我们要求你完成的测量也是一组软性的、主观的数据。你将在1到10之间估计你的努力程度。无论你的得分是6还是9，都不会比斯科特的98.5%更科学，毕竟都只是估算。但在追求丰盈人生的背景下，这些数据将具有重大的含义，尤其是将你的数据与其他人的数据进行比较时。

当你开始实施无悔的生活策略时，这四个有关自律的要素将成为你的第二天性。遵守和担责将不再是对你每天摇摆不定的承诺的考验——就像你还需要在工作和休息之间做出选择一样。它们将演变成自然反应，就像心跳或呼吸一样。而跟进和衡量将成为你的反馈回路，为你的一天赋予意义和目的。你将依靠数据说话，而不再任人摆布。自律和意志就是这样逐渐融入你的生活的。它们不是你与生俱来的礼物，而是靠你每一天的努力赢取来的。

但还有一个因素是和这四种行为紧密结合的，这可是大家伙，而且一直对你虎视眈眈。它就是由你生活中所有人组成的、你视之为你的领地的**社区**。

你可能认为自己是一个彻头彻尾的自力更生者，一个坚强的、对所做的选择全然负责的、从不抱怨"命运不公"的、拒绝扮演受害者或殉道者的个人主义者。我遇到过许多令我钦佩的人，他们身上都体现了这些特征，除了：**他们不认为他们是**

彻头彻尾的自力更生者。他们知道，丰盈人生在孤岛中是不可能实现的，只有在社区里才会璀璨夺目。

他们不仅认识到他们的选择和渴望会影响到其他人［就像"人类101"（Humanity 101）的第一课讲到的："没有人是一座孤岛。"］，也从未忽视过这样一个事实，即社区并不全是单行道。在社区里，一切都是互惠的。你为他人所做的不期望得到回报的许多好事，如安慰他们、帮助他们、给他们介绍朋友或仅仅是出现在他们的面前倾听他们的心声，无论你是否寻求回报，这一切都会回馈给你，因为互惠就是社区的决定性属性。

但在一个社区里，这种互惠不仅仅是两个人之间的二维互惠。在一个温暖的社区里，它也可以是三维的，就像每个人都被许可在任何时候帮助和指导他人。这种互惠不是礼尚往来的交易关系，它发生在人们不计得失去帮助他人的情况下。在健康的社区里，"我可以帮助你"是一种默认的回应。如果要你绘制一幅纵横交错的沟通线路和健康社区成员之间的慷慨互惠图，它看起来就像杰克逊·波洛克（Jackson Pollock）的滴水画或我们的神经系统图一样狂野和随意。

我是直到近70岁时才理解这一层意义的。那是一天早上，我意外发现自己创建了一个属于我的社区——"教练100社区"项目，它是帮助人们赢得丰盈人生所需力量的倍增器。我是如何走到这个新的地方，对我来说仍是一个奇迹。其中，还有着一个值得讲述的故事。

第 9 章
缘起的故事

你已经知道要怎样才能获得丰盈人生：**决定好你想要的生活的样子，然后付出全部的努力，让你的决定变成现实。**

除你之外，没有人能描绘这一愿景。那些在你生活中具有影响力的人给予你的建议和鼓励，也许能为你做出某个明智选择、提供理智与情感的帮助。但最终，选择，不管是在早期做出的，还是历经了最初的错误之后做出的，都是你自己的决定。

而关于努力的部分，是可以通过一个应用框架来克服挑战的。框架是避免那些引诱我们远离目标实现的心血来潮的冲动的方法，也是修复和重启我们的生活最有效的工具。而且不像只有我们自己才能决定所选的生活道路，框架结构简单且易于实施，也容易受到启发和激励。[○]如果我们无法为自己找到适当的框架，那么，我们寻求的外部资源就可以为我们提供——无论是私人教练为我们制订健身计划，还是老板来设定我们的工作议程，或者是由一本书告诉我们该如何制订家庭整理计划。

在我的名片上，我的名字下面光明正大地写着**框架顾问**四个字，这就是我的工作。我剥开一个有问题的行为的外衣，用它去测试这个框架，然后再重塑框架的底层逻辑去解决行为的**真正**问题。

我很大方地承认，我并非"非我发明症"[○]患者。相反，我可以说我是他人想法的鉴赏者。当我听到一个可行的想法时，我会对这个想法予以内化和重塑，并与其他想法相整合，重构出一个对我自己和对我的客户都适用的框架。比如，"生活计划回顾"（简称 LPR），我将在第 10 章详细介绍的一个框架，就是重构而来的。它也是本书最重要的一个行动工具：一个每

○ 越是生活上的小事，框架就越管用。一位朋友曾嘲笑我每天记录自己和妻子讲了多少句甜言蜜语。他说："没有必要提醒自己多宠爱太太吧！""我就是要这样做。"我说："我并不会因为需要提醒自己要更爱她而感到羞耻，但我会因为明知道应该这样做但不去做而羞愧。"这就是采用框架的力量。框架提醒我们不要放松标准，特别是那些我们认为理所当然的小而必要的举动。我的这位朋友现在每天也会记录他向他太太发问——"我能帮什么忙吗？"——的次数。

○ 非我发明症，Not-Invented-Here Syndrome，是指企业对不是由内部提出的事物或不能在内部执行的事物持排斥和憎恶态度。——译者注。

周检查模板，帮助你实现有意义的改变，以及引导你获得丰盈人生。这也是我迄今所有努力所呈现出的最终产品：我把自己职业生涯不同阶段所获得的七个领悟用一种易于理解的框架表达出来，它也浸透着我希望帮助人们变得更好的思想火花。这套框架是最近才开发好的，我无法想象 5 年或 10 年前它会是什么样子，那个时候的我还没有准备好。

为了更好地理解下一章中的"生活计划回顾"这个概念，在此有必要先熟悉对我影响至深的七个领悟是如何合并的，为什么把它们一个个组合起来如此重要。

1. 参照群体

让我们回到第 2 章中曾讨论过的某些东西。20 世纪 70 年代中期，当罗斯福·托马斯向我介绍他的"参照群体"概念时，我对它的重要性的认知是很狭隘的，只是把它当作他为了说明工作场所多样性的需要而设计出来教育美国企业的一个概念。托马斯认为，当一个组织包含广泛的差异时，才会变得更加富足和强大。参照群体的概念是他创建的，用来帮助人们理解，如果一个人认同某个特定的参照群体，那么他/她就非常渴望得到这个群体的认可。同时，他们的行为和表现也会被这个群体塑造和影响。为了被他们所认同的部落接受，人们几乎愿意做任何事情。这份给美国企业的参考框架的贡献还在于，他厘清了一个重要的概念，即被他称为喜好和要求之间的区别。一个人的喜好——他们喜欢的穿着、喜欢的音乐、所持的政治

8

观点——和这人是否达到或超越工作要求并无关系。如果领导者能够接受这一差异，即他的直接下属的个人喜好和工作要求并无相关性，那么工作场所就会出现更多差异化和行为古怪的人。如果这时领导者少一些肤浅的评判，少一些对服从的执着，那么他们的下属就会感到自己更受欢迎。这绝对是一个独到且精辟的见解，对领导者如何看待团队中的个体有相当大的启发。

而我是从这个框架如何帮助高管们成为更好的领导者的视角来切入的。但我未能从参照群体的另一面，即参照群体成员的角度，来理解参照群体的力量。同时，我也没有把这个概念应用到工作场所以外的地方，以及我自己的生活中。几十年来，我深受一件事的困扰，那就是一些有智慧的人的社会价值观和知识库对我而言毫无意义。他们怎么能够相信那些东西呢？那些至少对我而言，是如此无知和不合逻辑的东西。这种困惑一直折磨我到 60 多岁。突然有一天，我想起了罗斯福·托马斯的主要观点：如果你理解了参照群体的个人，他们和谁连接，又是什么让他们有那么深的连接，谁会让他们印象深刻，他们渴望得到谁的尊重，你就可以理解他们为什么那样说话、那样思考和那样行事。你不一定需要同意他们的观点，但你至少不会把他们当成是被洗脑或未开化的人而远离。而且与此同时，你也意识到，你的观点对他们来说也同样无法理解。托马斯的观点令我更加的宽容、更加感同身受，也促使我开始真正思考参照群体的作用。那么，是否能有一个新的框架，可以让我把罗斯福的洞察延展其中，帮助人们做行为上的改变？

罗斯福·托马斯对我是如此的一个巨人，我应该更早地站在他的肩膀之上。

2. 前馈

"前馈"这个词是我开始专注辅导 CEO 这个群体，与约翰·卡森巴赫（John Katzenbach）的一次谈话之后开始使用的。它相对于我们在工作场所用于交流意见所惯用的术语"反馈"而言。反馈反映的是人们对过去行为的意见，而前馈指的是：人们给你的意见，你将在未来使用。前馈是客户承诺的为期 12~18 个月的行为改变周期中，最后应用的一个框架因素。在客户承诺想要改变，并将改变意图公之于众，还为过去的不良行为表示歉意，并要求人们指出他任何的退步，并对人们的帮助感怀于心之后，前馈方能登场。而前馈的步骤也并不复杂：

- 在你选择一个你打算改变的行为后，找一个你熟悉的人，在与之的一对一对话中阐明你的意图。
- 那个你熟悉的人，不一定是你的同事，可以是任何人。请这个人给你提出两个可能帮助你实现目标的建议。
- 不加评判地倾听，然后只说"谢谢你"。
- 不要承诺你会就他给出的所有建议采取行动，只是接纳它们并承诺你会尽自己所能去做。
- 对你的其他利益相关者重复这些步骤。

对那些不习惯接受下属坦率建议的 CEO，前馈即刻受到他们的欢迎，因为它把关于行为改变的讨论从上下级关系变成两个亲密关系之间的对话。前馈起到的作用还在于，成功人士并非只能接受批评，他们也希望听到对未来的建议。还有就是，CEO 只需要聆听，然后说"谢谢"，不用对任何建议采取行动。

某些时候，我还建议 CEO 也针对他们的谈话对象想要改变的一些行为给出建议，把对话变成双向的交流。和他们对话的人最好不要是高管团队的成员，他们的职务相差越远越好，最好是在职级体系的底端。这样，前馈给了下属和老板之间平等对话的机会，就像两个相互帮助的人（巴拉克·奥巴马在担任总统期间，就和他的白宫工作人员一起打篮球。在球场上，没有等级之分，每个人，总统和他的队友及对手都是平等的。多想想类似的场景）。

前馈是一个非常容易理解和受欢迎的概念（因为它是某种洞见，或是有用的提醒，总之不是批评），即使在陌生人之间也能使用。我曾在一个莫斯科举行的大型活动上作为发言人之一，当时听众有 50000 人，大多数人还需借助翻译的帮助。我要求人们都站起来，找一个伙伴介绍自己，并告诉对方一件需要改进的事情，并征求他们的反馈意见，然后说"谢谢"。接着，反问你的伙伴有什么想改变的，并给出反馈意见。继续找新伙伴重复这一过程，直到我说停止。我在台上站了 10 分钟，看着 50000 人兴致勃勃地相互交谈，大厅里的音量和温度都明显提高了。

前馈框架创造出的**没有评判，只有真诚的互相帮助**，在向上汇报机制的企业里是不常见的。

3．以利益相关者为中心的教练模式

我将从彼得·德鲁克最著名的那句"谁是你的客户，你的客户看重的价值是什么？"中得到的启发，发展成我的以利益相关者为中心的教练模式。在德鲁克众多的见解中，我认为，他对客户的密切关注是最持久的。德鲁克相信，客户是一切商业活动的起点。当他发出"谁是你的客户"的疑问时，其实是在引导我们接受他对"客户"广义的定义。客户不仅仅是为你的产品或服务买单的人，也可以是你从未见过的人，比如是你的产品或服务的最终消费者，或者批准购买的决策者，或者为了自己的目的改进和复制你产品的人，或者能够影响其他未来客户的公众人物。我想德鲁克提出这样的观点是想说明，我们生活中的大多数交易并不是仅在供应商与客户两个人之间的你买我卖模式。特别是当钱没有易手的时候，在这一背景下定义"客户"是一个相当复杂的挑战，并不一定就是你认为的那个人。

这一洞察给了我猛烈一击，我突然意识到，我必须拓宽参与我教练实践的客户的定义：在他们认识的所有人中，排在首位的，是为他们工作的那些人。毕竟，如果领导者的行为有了改善，他的同事在个人和职业上的受益也是最大的。于是，我

把德鲁克的"客户"改成了"利益相关者",就是要向客户强调,员工也是他们行为改善的个人投资者或重大受益者。我希望我的 CEO 客户能把自己视为仆人式领导者,时刻超越对自己的担心,把他们的雇员,也就是利益相关者放在第一优先的位置。这就是我的以利益相关者为中心,而不是以领导者为中心的框架逻辑。它在某种程度上也是一种交易,双赢的交易。领导者们赢得了员工的尊重,员工们赢得了领导者的感谢。[○]

这是一个全新的视角,具有超越工作场所的价值。在面向顾客的企业里,如果员工没有以客户为中心或对客户粗暴无礼,是无法生存的。因此,他们会把自己最好的一面展现给客户,往往比对同事和家人还要好。根据我的经验,当领导者在工作中习惯于以利益相关者为中心的思维时,这种思维最终也会进入他们的个人生活。他们会对他们所爱的人及他们在家里的利益相关者表现得更友好。他们生活中的每个人都变成了"客户",当这种情况发生时,也就表明他们构建了一个更宽容、更善良、更互助的环境。人们会涌向这样的地方,并愿意留在那里。

4.商业计划回顾(BPR)

商业计划回顾是福特公司前 CEO 艾伦·穆拉利构建的每周

○ 2019 年 8 月 19 日,"美国企业圆桌会议"在一份由 181 名 CEO 签署的声明中,正式认可满足主要利益相关者的概念将成为企业经营的主要目的。

会议方式，在第 4 章我已经介绍过。当我和艾伦刚开始合作时，他向我介绍过这一非凡领导力的概念，可惜当时我没有对其引起重视，以为就是个严格的会议模式：有固定的时间和日期，强制出席，每人花 5 分钟报告工作进展，用交通信号灯的颜色（红色、黄色、绿色）来评定项目状态的更新，不评判、不质疑，以及还有其他规则。总之，这样的框架是艾伦这类具有高级工程师背景的 CEO 非常喜欢的。他把这一概念带到福特公司，并将其作为他发动变革，挽救这家濒临倒闭的汽车制造商的核心管理工具。但经过仔细观察后，我发现 BPR 并不是冰冷无情的技术统治论，而是建立在对人的深刻理解之上的。就好像艾伦已经内化了德鲁克关于"客户"的概念所推行的每周 BPR，是将整个执行团队都视为彼此的利益相关者，而非直接下属。每位高管也都代表了和他们相关的其他利益相关者群体（客户、供应商、车主会员等）。这样一来，BPR 中的每个人都承担了个人和团队的双重责任，既得到了内部的认可，又超越了自我的满足。

艾伦用 BPR 建造了一座适用于任何企业和目标的坚不可摧的堡垒。要是我也能琢磨出一个帮助成功人士在行为上实现积极且持久的改变的模型就好了。

5."下一步做什么"周末活动

2005 年前后，我开始邀请一些客户到我家里参加为期两天的"下一步做什么"的讨论，旨在帮助他们明确下一阶段的目标。即使结束了一对一的教练工作，我还是会与他们中的大多数人保持长期联系，一直到有了继任者并决定换个赛道的那一天（我对此的建议一向如此：宁短勿长。换句话说，"现在就走"。身处高位，永远不要等到董事会开口要你离开。那些等着继任你的位置的候选人就不会因此怨恨你）。即使在他们离任后，我还是会参与帮助他们做出下一步决定。据我所知，咨询、教书、私募股权、慈善事业、董事会、另一个 CEO 职位、去阿斯蓬山滑雪，成功的领导者们往往有很多下一步选择，但完整的菜单并不会使选择变得更容易。当你能够胜任任何事情而又无须再为薪水考虑时，你反而更容易原地徘徊、无所事事。一位客户将其称为"第三幕困扰"[⊖]，所谓上山容易下山难。

经过几轮的"下一步做什么"周末活动后，我们发现了一个有趣的现象，那就是：许多参与者，特别是那些前任 CEO 都非常孤独，渴望与人交谈。正所谓高处不胜寒，越是身处职场顶端越是孤独，他们中很少有可以找到坦诚交流的同侪。"下一步做什么"周末活动为他们提供了一个场所，使他们可以和他们尊敬的人一道畅所欲言。这揭示出的其实是每个人都

○ 在故事、戏剧或个人生活中，第三幕困扰常常被用来形容主角或情节的发展出现的逆境或问题。多指在某个过程的后期阶段，人们可能会面临困惑、挣扎或遇到各种难题，与之前的成功或顺利相比，这个阶段可能更加具有挑战性和危险性。——译者注

有类似问题，在合适的氛围下，如像这样的一个小型讨论，聚集不同背景但情况相似的人，大家是愿意敞开心扉与人分享的。"下一步做什么"周末活动也变成了每一年的重点活动。

6．每日问题清单

我们大多是优秀的规划者和差劲的实干家。每日问题清单是我 15 年前总结的，用来处理我反复出现的美好意愿和不可靠的执行模式。我在《自律力：创建持久的行为习惯，成为你想成为的人》一书中详细介绍过这个工具，其中包括一份含 22 个问题的清单以测试我每天的决心与执行和意愿是否匹配。这个工具的关键是，每一个问题都以"我是否尽了自己最大的努力……"开始，然后是一个具体的目标，如"锻炼身体""不在无法改变的事情上浪费精力"等。在一天结束时，我根据自己的努力程度而非结果，对每个问题根据 1 分到 10 分进行打分。虽然结果不一定由我们掌控，但努力程度可以由自己说了算。我需要一些帮助来确保自己在按计划执行，因此我聘请了一名"教练"，他每天晚上打电话给我询问分数。这是我认为对达成渴望的结果最好的实施路径。实施过程是痛苦的，也常常是沮丧的，特别是看到那些对我们很重要的目标得分常常只有 1 分或 2 分的时候，甚至会让我们产生放弃的念头。但只要能够坚持使用，它的作用就会是巨大的，任何事情都可以。

但这并非我的发明，这要归功于善于自我完善的本·富兰克林（"积沙成塔，省钱就是赚钱"）。

在富兰克林的《自传》（*Autobiography*）里除了一份每日待办清单（"起床、洗漱、祷告；规划几天的工作；做出当天计划；继续当前的学习；吃早餐"；见图 9-1），他还向我们展示了他想要不断完善自己的 13 个具体的品行目标[⊖]，以及自

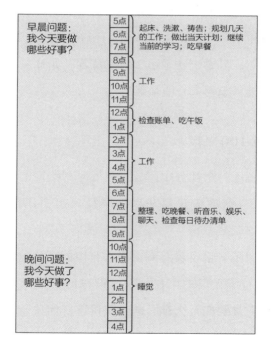

图 9-1　每日待办清单

⊖　富兰克林自律准则 13 条：节制、少言、秩序、决心、节俭、勤勉、真诚、正义、中庸、整洁、节欲、宁静、谦逊。

我监督的方法。与其一次解决所有13条行为准则（典型的不切实际的目标），富兰克林的选择是每次选择一个，持之以恒，直到烂熟于心。每当遇到困难时，他就会在小本子上记下来，在一天结束后把这些过错相加，当总数为零时，他就宣布胜利，并转到下一个品行的养成。虽然这个自律准则已经历史悠久，但它直到今天依然在指引我们。这让我想起了NBA神射手斯蒂芬·库里（Steph Curry）的100投篮训练法：库里从球场上5个位置中的一个开始练习跳投，直到连续投进20个球才换到下一个位置。只要一次不中，他就从零开始计算。这才是每日问题清单能够鼓舞人心的基础。

7. 教练100社区

将自己置于一个社区中，是我最近时刻铭记的一个重要的框架因素，这也是帮我解开赢得丰盈人生密码的最后一块拼图。

当艾莎·贝赛尔要求我说出我心目中的英雄时，她让我对未知的未来有了无限的向往。我大声说出的第一个名字是佛陀。虽然佛陀离我们太久远，也没有留下任何关于他教义的书面文字，可据估计，世界上相当数量的人信奉佛教。这是怎么发生的呢？答案是：佛陀把他所知道的一切都传授给了人们，而接受这一礼物的人们又将教义弘扬出去。

我希望自己以微小之力也能做到这一点。那是2016年5月，在我每天散步的途中我萌生了这一想法，回到家的那一刻我立即拿起手机，激动地在后院拍了一段 30 秒的视频，告诉大家，我要把我所知道的一切教给 15 个申请者，唯一的要求是他们承诺在未来某个时候也会做同样的传承。我在领英上发布了这条视频，为它起名为"我的教练 15 项目"，并且期待有少量回应。然而一天后，我收到了 2000 份申请，最终的申请数达到 18000 份。其中大部分申请人我都不认识。但也有一些熟悉的名字：教练和学术明星、与我合作过的人力资源主管、企业家和首席执行官，以及朋友们。我最后稍微扩大了我完成此项目的野心，从中挑选了 25 人，于 2017 年初在波士顿做了第一次会面。在波士顿，我详细解释了教练过程，并借此对全部的申请者有了更全面的了解。我对这 25 个人的辅导方式，与我针对成功领导者所进行的一对一辅导的方式一模一样，我需要和他们通很多电话以检查和跟进进度，这需要我确保把自己大量的时间空余出来。这是一个相当郑重而沉重的时间承诺。在我最忙的时候，我同时与 8 个客户做一对一辅导。而现在的工作量是那时候的 3 倍，但我对此并不介意。在我心中，这是一个传承的项目，我本就把这些传承者视为一个个单独的任务，而不是一个被我挑选出的团队。如果把企业当成一个车轮，我是轮毂，他们就是辐条[⊖]。这是他们和我唯一的共同点。（需要指出的是，当我成为关注的中心时，我对任何事情的热情都会飙升。）

⊖ 辐条是指连接车轮外圈与中心的条棒。

但传承者们很快就有了更好的想法，这让我有点始料不及。我教练过程的学习曲线很短，传承者们也都是快速学习者，几个月后，他们就意识到不再需要我了。相反，他们转向彼此，交换故事、想法和支持。我的潜在追随者们正成为他们自己的参照群体。他们也急于引入新的成员。这是一个我此前没有考虑过，但马上就理解了的观点（强大的社区都坚持发展，而弱小的社区则拒绝扩大）。在一年之内，最初的25名教练发展到了100名教练，不需要提名，也没有面试（我们不是一个乡村俱乐部或荣誉协会）。如果我们的成员知道某个人可能会从我们这块土壤中受益，那么他就会作为那名成员特定的传承者受到欢迎。使团体变得多样化，一定是件好事。

在组建专业社区方面，我此前断断续续地做过些尝试，但对教练100社区将演变成一个什么特别的组织，开始我自己也不知道，直到听说在伦敦、纽约、波士顿和其他城市的教练们那一整年经常聚在一起。当一位来自特拉维夫的成员告诉大家，她会来圣迭戈出差后，当地成员也邀请我参加了那次晚宴。那个场景令我大开眼界，没有人自我推销，也没有人刻意建立人脉，它更像是一个没有怪异叔叔和悲惨故事的家庭聚会，人们聚集在一个没有评判的地方，庆祝遇到彼此。

以上7个领悟（见图9-2）都有一个共同点，那就是：一定不是一个人独自在追求。当两个或更多的人参与其中时效果

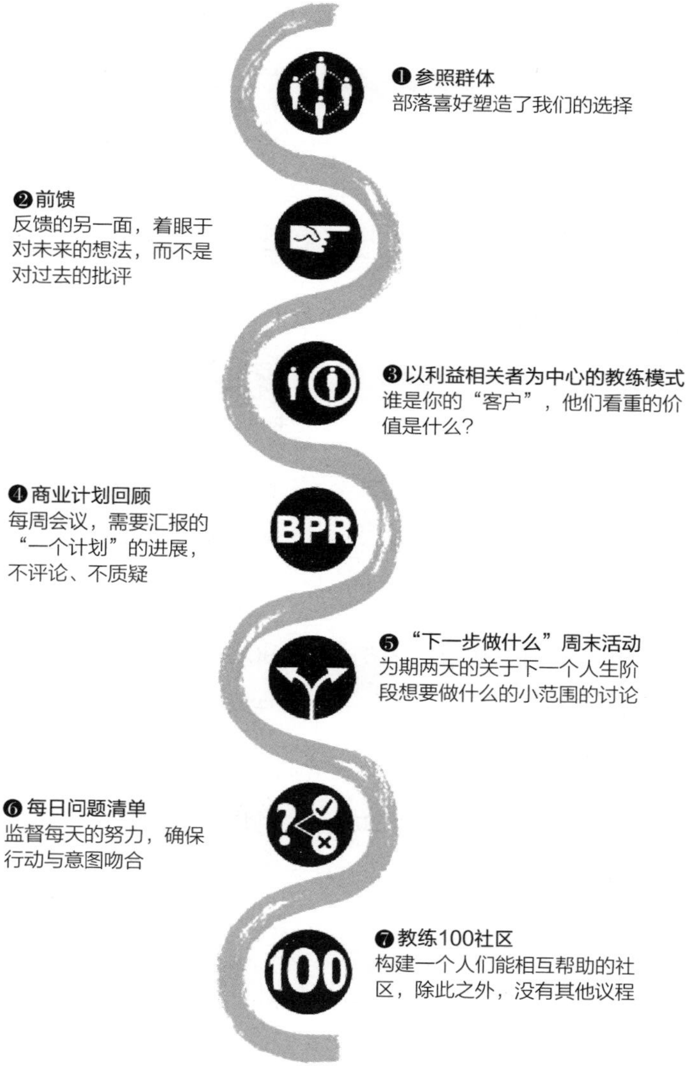

❶ 参照群体
部落喜好塑造了我们的选择

❷ 前馈
反馈的另一面，着眼于
对未来的想法，而不是
对过去的批评

❸ 以利益相关者为中心的教练模式
谁是你的"客户"，他们看重的价
值是什么？

❹ 商业计划回顾
每周会议，需要汇报的
"一个计划"的进展，
不评论、不质疑

❺ "下一步做什么"周末活动
为期两天的关于下一个人生阶
段想要做什么的小范围的讨论

❻ 每日问题清单
监督每天的努力，确保
行动与意图吻合

❼ 教练100社区
构建一个人们能相互帮助的社
区，除此之外，没有其他议程

图 9 - 2　7 个领悟

最佳。换句话说，这些理念只有放置在一个被我们称之为社区的环境中才更有生命力。即使是明显的只属于个人的每日问题清单，如果有伙伴每晚检查你的分数，你都会表现得更好，它提升了你的责任感和你坚持到底的潜力。

我既不惊讶也不难过，自己用了 40 年才把这些点串联起来。我必须在自己的时间点上，即当我真正准备好的时候，才懂得每个概念的价值。艾伦的 BPR 和他在每周会议上对团队动态的洞察就是这一切的转折：有一天我猛然醒觉，如果把坚持自我监督的每日问题清单与艾伦强调长期利益的商业计划回顾结合，应能获得一个适用于任何生活模式的指导框架。艾伦也点头同意。于是就有了这一被我们称为生活计划回顾的框架。

2020 年 1 月，从 100 名扩大到 160 名的教练成员从世界各地来到圣迭戈，参加我主持的为期 3 天的会议。当我看着教练 100 社区的成员们在那个周末尽情欢乐时，我惊叹于自己无意中建立起来的这个海纳百川的社区，堪称一个奇迹。

6 个星期后，世界因新冠疫情而改变。它不仅对人们的健康、生计和财务安全是一个可怕的威胁，同时也攻击着我们的教练 100 社区。灾难性事件也是对我们这个社区健康程度的考验。弱者崩溃，强者更强，我们会是哪一个呢？

那一次圣迭戈大会上的主旨发言，就是我在艾伦·穆拉利的帮助下，对生活计划回顾的完整介绍。生活计划回顾整合了

我认为对帮助人们实现有意义的改变非常有价值的元素，其中
最重要的社区黏合力概念，帮助教练 100 社区在一年内如同一
个大家庭。如果让你从本章中挑选一个可以带走的概念，那就
是生活计划回顾。

第 10 章
生活计划回顾

　　生活计划回顾（简称 LPR）的设计目的是缩小在生活中你计划要做的事情和你实际完成的事情之间的差距。

　　应用方法便已经包含在名字中的三个词里：生活、计划、回顾。想象你的理想生活，如果一切按照你所想的计划进行，那所创造的未来会是什么样子。但与众多被目标所驱动的自我提升体系不同，它不是激励你去增加动机、习惯、智慧和勇气的方法，而是一种自我监督的练习。每周，你将被要求回顾你为赢得丰盈人生而做的努力。LPR 注重的是你的努力程度，检测的是你的动摇情况而不是你的坚定情况，尊重的是你在大部分时间里都未能达成完美的可能性。它的目的是让你在生活中接受自己的错误、不愿和惰性。你如何应对这些困难，也完全取决于自己。LPR 仅仅希望你在实现计划的过程中根据自身水平做出最大努力。它看中的不是结果。最后，像教练总是要求再做一组仰卧起坐一样，LPR 还有一个额外的要求，你必须将你的结果与社区中的其他人分享，不仅要公布成绩，还要交流看法，从而互相帮助。

LPR 有一个简单的四步结构，但如果没有他人的帮助，它的威力会大打折扣。

第 1 步：在 LPR 中，你和参加周会议的每个成员轮流汇报你们对以下 6 个被证明是可以改善你生活品质的问题的回答："我是否已尽了我最大的努力去……"

（1）设定了明确目标？

（2）在实现我的目标方面取得了进展？

（3）正在寻求人生意义？

（4）是否追求快乐？

（5）构建了良好的人际关系？

（6）可以全身心投入工作和生活？

你用 1 分到 10 分的评分标准给每一条打分，并分享结果（10 分是最高分）。分数是为了衡量你的努力程度，而不是你的结果。将努力与结果分开至关重要，因为它迫使你承认，虽然结果不是你可控的（糟糕的事情总会发生），但不代表这是你不努力的理由。

第 2 步：在每周 LPR 会议之间的日子，你要跟踪这些问题，养成自我监督的习惯。这是一个仪式，就像吃早餐或刷牙一样必要。我选择在每天结束时给自己打分，之后与我的教练通电话，报告分数。至于你，何时回答这些问题并没有硬性规定，有些人喜欢带着答案入睡，等到第二天早上，根据前一天分数的高低来激励自己度过新的一天。关键是积累数据，让你看到有建设性的数据：你在哪些方面表现不佳，而哪些方面处于可控状态？

你可以根据自己的想法添加或删减这六个问题。尽管它们满足了赢得丰盈人生所建议的营养成分的每日摄入量。这六个问题并没有什么神圣之处。设定目标、实现目标、寻找意义和快乐、建立人际关系及全身心投入工作和生活都是相当宽泛的术语，也正是因为宽泛，使得 LPR 有足够的空间涵盖我们每个人生活中的所有细节——无论多么非凡或特别。我也可以再罗列其他问题，如：

- 我是否尽我所能表达感激？
- 我是否尽我所能原谅了以前的我？
- 我是否尽我所能为某人的生活增加价值？

这些问题曾经都在我的问题清单上。但在此前的 20 年我一直都在应用这些框架，它应该是一个动态的过程，也就是说我应该在这个过程中得到了提升并且能提出新的创新目标。如果我在每日回顾中还在沿用这些问题，说明我没有取得进步，没有让自己变得更好，那我一定会深受打击。渐渐地，我意识到我不再需要跟踪这三个问题。我非常懂得感恩，也非常善于原谅自己。当我帮助了他人若没有得到报酬，就权当做了公益事业。剩余的那六个问题非常困难，范围也很广——我怀疑我永远不会达到能完成它们的程度，但这也激励我不断尝试。

第 3 步：每一周回顾你的计划和个人需求的关联性。当你衡量你的努力时，你实际上检测的是你尝试努力的质量。有时你也需要回顾一下你努力的目的，你那有意义的努力是否用在了当下意义不大的目标上？

努力是一个相对价值，既不固定，也不客观，更不精确，唯一有资格做出评论的就是你自己。在追求目标的过程中，随着时间的推移，评判标准也在不断地变化。比如，如果一个私人教练要求身材不佳的你在第一次训练时就做 20 个俯卧撑，即使你使出吃奶的力气，做到了 10 分的努力，也可能无法完成 20 个俯卧撑。但 6 个月后，训练有素的你即使只用了 2 分力气，也能相对轻松地完成 20 个俯卧撑。对一件事情，你坚持的时间越长，就越容易做好。但就像温水煮青蛙，你可能没有注意到时间会降低你努力的标准，因为不费吹灰之力的诱惑使你原地踏步（比如，只需要做 20 个俯卧撑）；挑战是要通过增加难度而达成目标（例如，将你的目标提高到 30 个俯卧撑，然后是 40 个，以此类推）。

审视你的努力，是重新增加你目标价值的方式。如果你想保持这个目标，你就得重新调整努力的程度；如果你不再愿意全力以赴，那就是时候制定一个新的目标了。

第 4 步：不要一个人完成。这个建议本质上是由 LPR 会议的关键特征所决定的：它是一个团体活动。找一群志同道合的人一起努力。按常理来说，和他人一起比你独自一人回顾你的计划所输出的质量要高很多。试想一下，如果你要坚持如此雄心勃勃的人生计划但又拒绝与其他人分享经验，是完全没必要的。独自一人会给自己的努力带来什么额外的附加值吗？这就像你精心地做了一个生日蛋糕，但只给自己吃；或者你对着一个空无一人的房间演讲。

让我们想象一下高尔夫运动。像滑雪、游泳、骑行和跑步一样，高尔夫也是少有的可以独自享受的体育活动之一，但它也提供了和同伴一起愉快打球的理由。它也是我们借以逐字解释 LPR 好处的模型。

一个高尔夫球迷可能在同伴临时有事，或时间紧凑，或想练习某一项球技时，选择自己上场。但如果他在球场上刚巧赶上了另一位独行侠，两位独行侠就会立即组成一个二人组。这也是高尔夫球场诸多颇为可爱的规则之一：除非自己坚持，否则落单的球手绝不会一个人打球。

如果有选择的话，这位狂热的高尔夫爱好者更喜欢与四人组打球，无论这个组是由朋友、家人还是陌生人组成的。高尔夫是所有运动中最具社交性的，人们一起走在球场上，在打球间隙聊聊生意、假期或当天的事件。有时，人们甚至会在比赛中途休息一下，一同去吃个饭。

这些社交元素就是为什么高尔夫四人组符合一个组织良好（比如，按我推荐的方式进行每周一次的 LPR 回顾）会议的所有要求。高尔夫四人组可谓完美诠释了四个行为元素。

它要求**遵守**规则：在一个严格的四人组中，你需准时出现在第一个发球区，必须从实际的落球位置挥杆（不能为了更好的角度，挪动球的位置）。你没有重打的机会（又称加击），你挥出的每一杆都要计算或被罚分，甚至对你的着装也有要求。

它尊重**担责**的个体：你每打出的一杆都会被记录，你没法把你的失误归咎于他人，也没法在比赛质量上欺骗自己或他人。如果你球技生疏，或者没有做好准备，或者根本就不像你声称的那样好，一轮下来就会暴露你的真实水平。

它基于**跟进和衡量**来比赛：球员为自己和他们的伙伴记分，打完每个洞后报告自己的分数，并将洞数公布在公共数据库中以保持诚实的差点指数。不管你在赛后如何热烈地与球友只谈论你打出的好球，忽略你的失误，唯一能被接受的证据就是记分牌上的分数。高尔夫球比赛是不容许有不同版本的数据出现的。

最重要的是，高尔夫运动体现了我对**社区**的价值要求，即对行为规范的要求：不欢迎评论和质疑，对打出的好球鼓掌，对打出的差球不讥讽，帮助同伴寻找丢失的球。

好的组织是一个相互帮助的团体：成员们都希望变得更好，都愿意分享各自的想法，这是优秀组织重要的特质。与大多数一对一的运动不同，打高尔夫球的过程可被看作是一种学习体验。但若我们和职业的棒球投手或专业网球手过招，只有被他们羞辱的份，因为我们和他们根本就不是一个量级。但高尔夫则不然，球技一般的人也希望和高手一起打球，因为他们知道只要认真观察那些一流高手的动作，如挥杆技巧、流畅的节奏、击球前对整个动作的准备，自己的水平就能得到提高。而优秀球手也愿意帮助初学者，一旦被请教，就会知无不言地告诉他们（这就是前馈）。

好的组织还是一个无差别的团体：任何人都是平等的，任何人都可以拥有好的球技，打出好的成绩。面对优秀的高尔夫球手，不存在屈尊俯就或打扰对方，成员之间有的只是尊重。

高尔夫运动崇尚的是选贤举能、公平公正。没有什么是应得的，所有的成功都是靠努力奋斗得来的，是平时的苦练、最大限度地发挥天赋、敦促自己持续进步的结果。这也体现了我们对丰盈人生的定义。不管最后的分数如何，我们所做的选择、甘冒的风险和付出的努力都与我们所看重的经历相关。

如果让你把高尔夫运动一词替换成 LPR 会议，你就有了采用 LPR 的所有理由，并使之成为一项团体练习。不要因为组建一个 LPR 小组的困难，如后勤问题、麻烦增多、风险大于回报等让你望而却步、裹足不前。相信我，并不像你想的那样，相反，它是可以令你的一天、一年甚至整个世界运转的更高效的每周一次的回顾。我之所以知道，是因为我就是它的受益者。

2020 年 3 月 5 日，我和莉达开始着手出售我们在圣迭戈郊区住了 32 年的房子。我们在 10 英里外的拉霍亚租了一间一室一厅可以俯瞰太平洋的公寓作为暂时的落脚地搬了进去。这是生活方式重大但在预期之内的改变，因为我们想把今后的家安在纳什维尔，这样我们就可以亲眼看着 5 岁的双胞胎孙子们长大。本来的计划是在出租屋里住几周就搬去纳什维尔，在靠近女儿凯莉和她的孩子们的地方找一所房子，然后用我们放在仓库的家具填满新家安顿下来，享受我们的祖父母岁月。在职业上，我并没有因为这次搬家造成影响。在未来的两年里，我仍然被预订了很多的课程和演讲，其中大部分是在海外。此外，我比以往任何时候都更想投入到教练 100 社区之中。还有，我有一本书要写。

但 6 天后，我们所有的计划都泡了汤。像许多美国人一样，我可以精确地道出那些日子：3 月 11 日星期三晚上，我听到由于新冠疫情暴发，NBA 暂停了 2020 赛季的剩余比赛，以及季后赛和总决赛。就因为这个原因，一个最重要的职业联赛从当年的国家日历中消失了，这是美国领导人和公民们意识到疫情"很严重"的转折点。一周后，航班停飞、我的演讲被取消，我只能盯着窗外的太平洋望向大海。莉达和我都知道会好起来的，她甚至比我更享受当下，我们也没有回头看，也没有因为提前一周腾出我们的大房子而自责。生活仍然很好，而且我们还有一个无敌海景可以欣赏。

我更关心的是教练 100 社区。仅 6 周之前，艾伦·穆拉利和我花了 4 个小时在拉霍亚附近的凯悦酒店向 160 名成员讲授了 LPR 的概念。其实也就在几天后，加利福尼亚州的第一例病例确诊，但并未引起我们的注意。虽然，未来还是有各种的可能性，不过，那一刻我确实有点担心了。如果连我的演讲业务也可以瞬间取消，那么我们这个组织里的那些年轻的、不那么成熟的教练、老师和顾问们怎么办？他们不像教练100社区里面的学者和核心高管们还有个缓冲期，可以照顾好自己。但我们中还有许多企业家，比如我的教练客户和亲密的朋友，餐馆老板大卫·张，他的福桃帝国肯定会受到疫情的威胁。如果我们是蜜蜂，我想，我们处在蜂群衰退的早期但迅速恶化的阶段。

我感觉佛陀是在考验我，说："好吧，你不是想做一个传承项目吗？现在这些人就是你的家人。你需要每天都保护他们而赢得你想要的传承。"

这是在我成年之后，第一次拥有时间。没有要赶的飞机，没有要参加的会议，没有忙碌的日程，我和莉达除了尽量保证自己的安全外，完全被困在原地。我有的也只是对教练100社区的那份责任感，以及重新思考组织的目的，以便更好地保护它。

于是，我开了一个Zoom账户，霸占了小公寓的一个角落作为我的"工作室"，宣布我将在每周一，美国东部时间上午10点开设一个结构松散的研讨会。教练100社区的每位成员都可以参加。我会就某一单一主题先讲20分钟，然后参与的人分成三个或四个小组，就我抛给他们的一个或两个问题进行讨论。然后再回到Zoom里来，向所有人汇报他们讨论的结果及所学。参加电话会议的人数一开始有35人，之后有时会超过100人。我们是一个非常多样化的国际组织，除南极洲以外的各大洲都有我们的成员（这也提醒我：需要努力推动来自南极洲的会员加入），他们很多人要在半夜起床参加。我们有时也会用美国有限电视新闻网（CNN）的突发新闻报道作为讨论的主题。最后我还知道 Zoom 有一个聊天功能，当我在说教的时候，很多人都在互发信息，约定他们之后的电话会议时间，就像高中生在课堂上传纸条一样。我以为我正在设法保护这个组织，但真正的工作是由成员们在更细微的层面上完成的，是他们在拯救彼此。

到 2020 年 6 月，莉达和我意识到在一年或更长的时间内我们都不会有机会搬到纳什维尔。由于每个人都被困在家里，这也为教练 100 社区的成员们提供了一个以群组的方式来测试 LPR（在封城前的 5 个月，我们刚向成员们介绍过这个工具）的机会。我招募了 50 名成员，他们都承诺会就 LPR 的 6 个基本问题作答，每周六或周日上午通过 Zoom 会议通报他们的分数，汇报将持续 10 周。我重复要求，所有的自我监督也是要以尽了自己最大努力为前提，并警告他们这套标准"理解容易，坚持不易"。

当成功人士被要求根据努力程度给自己打分，然后必须面对在试图实现自己所选择的目标这一简单行为中的不足时，他们往往在两三个星期后就会放弃。这种放弃，大多数情况下，是因为没有履行自己的承诺而感到羞愧的举动。我预计我们这个由 50 人组成的小组会有 10 个人退出，即 20% 的放弃率。

在那个夏天，我和我的教练伙伴马克·C.汤普森，每个周末都会为 8 个人单独做一次视频电话辅导，虽不是强制性参加，但事后证明影响不大。在为期 6 周的辅导期间，没有任何人错过会议，一次也没有。参加辅导的人可以在每周六或每周日上午的 9:00、10:30 或中午的时间段任意选择，有一些人坚持在同一个时段参加辅导，另一些人则换来换去，这虽给我的非正式研究增加了不科学因素，但这也意味着，每一周每个小组的组员都不是固定的。也正因如此，他们在整个过程都表现得热情高涨，因为他们不知道在下一周的视频会议里会见到谁。我的工作是确保每个人都至少能见到其他人一次。

10 周的时间不足以在复杂的目标，如积极地参与、寻找生命的意义和修复关系等方面建立持久的积极的改变。在这么短的时间内要求有变化，要求过高了，也不符合 LPR 的目的，这些都是应持续一生的目标。但 10 周的时间足以对 LPR 价值本身提供强有力的指标。

每个人都用图表反映他们每周的得分，所以进步、退步一目了然。在 10 周内，成员们在努力程度上的得分稳步上升，到了第 10 周，那些开始时分数低于 5 分的人，已能够定期给自己打到 8～10 分。我对此的收获是，如果你能度过早期的几周，选择不放弃，获得一定程度上的成功是肯定的。此外，每周当众回顾自己的得分，可以增加参与者对小组和对自己的责任感。当你看到你正在取得的稳步进展，你就不太可能再接受退步到较低的分数。

这就是 LPR 所带来的根本作用，在几周内，你就会感受到，不得不面对这个尖锐问题的残酷："这周我究竟做了什么让我的目标取得了进展？" 这是一个我们都宁愿回避的问题，因为我们大多数人潜意识里都是优秀的规划者和差劲的实干家。但 LPR 没有给我们这种选项的可能性，它让我们避无可避，这也就是参与者的分数都得以迅速提高的原因。因为，另一种选择——下周当众汇报极低的分数——更痛苦。

我们把 LPR 框架尽可能做得简单，因为简单的自我监督结构更容易跟进，以及不太可能被中途放弃。你每天对自己选择的 6 个或更多的目标进行打分，然后在每周的小组会议上报告你在每个问题上的平均得分，这能有多难？

在 2020 年之前，使用 LPR 需面临的一个巨大的挑战是，由于社交的需要，不在一起工作的人也需在每周的同一时间见面，但你怎么指望忙碌的人每周都能来呢？但是自 2020 年开始，情况有了改变，现在的我们都已经习惯了在屏幕上见到彼此的面孔，而不是面对面。

当然，正如任何成功的领导者都知道的，任何团队的命运都始于和终于人员的选择。你要在你 LPR 小组中扮演何等角色以获得最大的吸引力，使你的成员都愿意每周回来？仅凭 Zoom 并不能解决这个永恒的谜题，你需要一个策略让小组成员每周都会准时出现，并乐于出现。

以多样性最大化为目标：这是我从"下一步做什么"周末活动的成功中得到的最大收获。从公平的性别比例开始，这始终是一个必须具备的条件。然后，我根据年龄、文化、国籍、专业和工作领域等因素，混合搭配成员。不要假定背景完全不同的人不能很好地融合，或对彼此不感兴趣。成功的人天生就有好奇心，多样性应该被强调，而不是被调控。多样性的意义在于：会议人员之间的差异越大，所分享的观点就越新鲜、越令人惊讶。当我为第一个为期 10 周的 LPR 实验选择 50 人时，我借鉴的是装满诺亚方舟的逻辑：每个物种最多两个人。例如，一个典型的会议的参与者分别是：欧洲最大的安全带和其他汽车安全系统制造商的首席执行官詹·卡尔森（Jan Carlson），他从斯德哥尔摩打电话来参加；盖尔·米勒（Gail Miller），一位在犹他州领导着一个庞大的家族企业的老祖母；南洪德·范登布鲁克，一位从年迈的父亲手上接管生意的 39 岁来自赞比亚的非营利机构的专家；同样是 39 岁，处在职业生涯末期的球星保罗·加索尔；在孟菲斯经营圣裘德儿童研究医院的外科医生詹姆斯·唐宁；马戈·乔治亚迪斯，波士顿 Ancestry 公司的首席执行官，当时正处在把公司卖给私募基金公司而自己则会失业的状况中；年仅 31 岁的玛格丽特·马里斯卡尔（Marguerite Mariscal），正帮助大卫·张重整他的餐饮帝国的首席执行官。你不大可能让这七个人坐在同一张桌子前，但在每个人都具有相同的自我提升的目标的每周小组会议上，他们之间的化学反应非常明显，这得益于多样性的功劳。

会议的大小取决于让合适的人进来，让不合适的人出去： 如果你对一个人是否能给小组带来价值有疑虑，不要仅仅为了填补小组空缺而忽略这个疑虑。少一个人总比让他/她破坏小组

的气氛要好得多。我建议小组的人数最好不低于 5 人，不超过 8
人，会议时间不超过 90 分钟。

LPR 不是心理治疗：它是一群愿意分享未来目标的成功人
士们的聚会，不是让有问题的不成功者发牢骚和抱怨的会议。
我所说的"成功"并不是仅以显赫地位、权力和收入来衡量
的。你要找的是同样都对成为更好的自己持有乐观态度的各类
型的人，他们不是受害者或殉道者。你这样做之后，没有人因
担心而不敢讲话，也不会因过于自满而不懂倾听。你将为房间
里的所有人创造平等的机会。

组织必须有人领导：如果 LPR 小组是你的主意，那么你就
有责任主持会议。你在主持时最好轻声细语，而非暴施重拳。
否则，你的 LPR 会议就会像一位教练所说的那样，"过于精心
安排反而一团混乱"。就像艾伦·穆拉利在波音公司和福特公
司一直是 BPR 会议的主持人（因为这是他的想法）。马克·C.
汤普森和我也是我们的 LPR 会议主持人。这里的主持人更像是
一项行政任务的召集人，推动事情的发展，执行"不评论"的
规则，维持环境的安全空间，而不是一个教练。在小组成员学
会自我管理之前，假设每个人都在期待由你保持火车的准时
运行。

走到这里，你应该还注意到了 LPR 的其他好处。

1. 你可以将其应用于任何目标

当艾伦·穆拉利和他的妻子妮基在西雅图抚养他们的五个

孩子时，他把他与波音团队一起使用的商业计划回顾改成了在家里采用的家庭计划回顾。每周日的早上，他、妮基和孩子们会分享他们的日程表，检查每个人需要完成的事情，以及他们在这一周所需的支持。这是艾伦平衡他生活中最重要的五个维度——职业、个人、家庭、精神和娱乐——的方式。他每天都会查看自己的日程以确保他正在做他想做的事情，并推动这五个维度之一的某一项产生积极的变化。如果他看到某些事情失衡，就会中途修正并调整日程，这也是一家人心心相印的原因。

LPR 不是仅限于实现最宏大意义上的丰盈人生，在通往丰盈人生道路中的任何目标，无论大小都适用。例如，假设你决定真的去做一些对环境保护有益的事，而不是一直停留在嘴上说说的话，有什么能阻止你找到六位在这方面志同道合的伙伴，然后建立每个人的目标，并在组内每周回顾每位成员的进程呢？你正在将 LPR 流程调整为 EPR，即对自己的环境计划回顾项目。你的目标可以更细分、更集中，但所面临的严峻挑战是一样的。你和组内成员每周都必须面对这一赤裸裸的问题："这周我在帮助拯救地球方面做了什么事情？"实际上，这个过程就是在确认，这一周你是尽己所能，还是随波逐流。

专业人士或个人在应用 LPR 的过程中遇到的挑战是有限的，你的想象力和你招募的人员是两个比较重要的影响因素。

2. 我们所营造的安全空间，同时也是自己的安全空间

参会者往往非常喜欢和遵守 LPR 会议不质疑、不评判的会议规则。但到了谈论自己的时候，这个规则就变得不适用了。不知何故，小组成员们认为，如果他们的负面评论只针对自己的话，就不用遵守 LPR 的安全空间规则。在我主持的第一季 LPR 会议的 60 次会议中，每一次都会有一两位参与者对过去的行为进行严厉的自我指责，通常针对一个所谓的不足做随意的忏悔（"我不擅长……"），每到这个时候，我都不得不打断他们，急切地挥动我的手臂，说："停、停、停！" 然后我让他们举起手来，说出自己的名字，并跟着我重复。"虽然我过去在 ×× 方面表现得不好，但那是以前的我。我并没有不可治愈的阻止自己变得更好的遗传缺陷。" 通常，他们第一次被我当场抓到后，也就明白了我所传递的信息：空间是为每个人准备的，包括我们曾经的自己。

3. 对努力的衡量，是促使我们找到对自己而言最重要的东西

当 WD-40 公司（是的，就是每个人家里都有的蓝黄相间的红顶罐子的那家公司）在位时间最长的首席执行官盖瑞·瑞吉（Garry Ridge）在我们的 LPR 小组中报告他的每周得分时，在"我是否尽了最大努力去寻找意义"这个问题上一直停滞，

连续 6 周，他都给自己打了中庸的 5 分，并解释说他很难定义"意义"的标准。要了解盖瑞的困惑，先要了解他的一些背景：他是在成为 WD-40 公司首席执行官后，回到学校并获得领导力硕士学位的。这就好比一个演员在获得奥斯卡奖后再去上表演课。他是一个对待管理实践极为认真的探索者，也是一名持续的学习者。从他下定决心搞清楚什么是"寻找意义"的定义我们可以看到，LPR 练习将盖瑞的好学、探索精神展现得淋漓尽致。经过 6 周听取小组成员描述他们对意义的标准，以及自己苦苦地寻找后，盖瑞在第 7 周给出了答案。他说："当我所做的事情的结果对我来说很重要，并能帮助到别人时，我就找到了个中的意义。"也许对你来说，这不是一个惊为天人的见解，但对盖瑞而言，就是如此。

这绝非一个孤立事件。当由文学经纪人转为电影制片人，来自纽约的泰瑞沙·帕克（Theresa Park）告诉大家，幸福感不一定非得是"一种眩晕的感觉"时，我看到每个人都在点头，这被视为帮助他们立即重新定义幸福的一种顿悟。同样，当来自赞比亚的南洪德·范登布鲁克谈到作为所在企业的新任领导者，她的主要目标时说道："我想观察龙卷风，而不是加剧龙卷风。"小组中的管理者们纷纷为这一见解鼓掌，仿佛他们可以立即采纳一样。

这就是应用 LPR 时所得到的额外收获：你的洞察力和思维能力在潜移默化地提升，因为你每天都要衡量自己在有意义的事情上付出的努力[⊖]，并且你会在周末和充满智慧的人一起讨论这些问题，你要做的就是出现在现场，抓住从每个人嘴里说出的金句。

4. 让框架为你所用

LPR 的规则并不多，但很严格，就是：每周都来、态度谦虚、行为得体、报告分数。不过，即使是最严格的框架，也能在界限之内找到可发挥的空间。几次会议之后，我向每位与会者提出了两个问题：**你这周学到了什么？本周令你感到自豪的是什么？**我并不想激怒任何人，我只是感到好奇。后来，这也成了会议的一个固定环节。

还有一次，当我看到一位新成员明显处于情绪痛苦中时（2020 年对许多人来说都是艰难的一年），我灵机一动，要求每一位成员给这位新成员一个可能帮到他的建议（前馈）。那次会议比平时延长了 30 分钟，但我相信他被大家的关心和慷慨深深地感动了。在接下来的一周里，他有了肉眼可见的改变。

LPR 最宝贵的特点是参与者互助互爱。如果你在会议期间发现能让某人生活变得更好的机会，请一定要抓住它，发挥你

⊖ 我关于衡量努力的程度而不是结果这一有价值的见解要归功于我的女儿凯莉·古德史密斯。是她教会了我"主动"和"被动"问题之间的区别。"你有明确的目标吗"是被动的；"你有没有尽一切努力制定明确的目标"是主动的，因为这一重任不是由当下的那个环境，而是由你自己来承担的。

的智慧，敢于改变规则（让我也知道你的即兴发挥，这对我也会有很大的帮助）。

5. LPR 之后发生的事情可能比 LPR 期间发生的事情更有意义

我是从我的周一 Zoom 小组那里了解到这一点的。在那里我发现很多成员，会在课后彼此联系并互相帮助。这种现象也在 LPR 会议后不断出现。鉴于 LPR 自带忏悔的属性，我不应该感到惊讶。毕竟，人们被要求谈及的是他们的目标、幸福和人际关系，而不是就达拉斯沃思堡大区的润肤露的销售情况做进展汇报。以真心换真诚促使人们互相帮助，这就是他们为什么需要建立联系的原因。

如此认真地向人们介绍 LPR 的一个附带原因是：它与塑造了我的教练生涯的七个领悟概念有效地融合在一起。那些坚持使用 LPR 的人基本上都是他们自己的参照群体，对变得更好和相互受益抱有相同的信念。他们最大限度地利用前馈，也就是说，既被要求分享，又不加以评判地提供反馈，并心怀感激地接纳。在以利益相关者为中心的思想主导下，每个人都是其他人进步的利益相关者。从汇报的结构（汇报进展或退步）、会议的频次（每周一次）和态度氛围（我们聚集在一起学习和相互帮助）方面看，LPR 其实就是艾伦·穆拉利的商业计划回顾的衍生品；在其成员的多样性和彼此之间的坦诚相见上，它复制的是我和我的客户每年度的"下一步做什么"活动的核心；

同时，它还采用了我的"每日问题清单"的自我监督程序；最后，它还借鉴了我在组建教练 100 社区时所崇尚和感受到的团队力量。

在我们第一季的 LPR 实验结束后，我开始不断地接到会员的电话和短信，询问我第二季什么时候开始。他们非常想念每周的聚会，这是我不常听见的，因为忙碌的人对此类会议唯恐避之不及。而在这里，他们却因没有参加 LPR 会议而感到蒙受损失。LPR 是一个框架，它所解决的问题超越了单纯的目标，如在 ×× 方面做得更好；或者更重要的，成为一个更好的人、老板或合作伙伴。LPR 解决的是我们最基本的渴望，以及帮助我们找到成就感，就像努力生活在一个丰盈人生状态的过程是一种美德，值得成为人们的新习惯。人们对第二季 LPR 实验的请求，也证明了 LPR 的效果比我想象的要好。它不仅给了人们更多超越自身的力量，赋予人生一种崇高之感——因为那是通过自己的奋斗赢得的，而且，人们还愿意回来继续寻求帮助，因为他们谁也不愿离开这样一个积极向上且对未来充满渴望的集体。

当我说 LPR 拯救了我的世界，这就是我想表达的意思。此刻，我不由得想起老子的一句话："太上，不知有之……功成事遂，百姓皆谓我自然。"身处这个危险与挑战并存的当下，我开始着手保护我的教练 100 社区，但最终，这个组织自己保护了自己。

第11章
求助艺术的丢失

　　LPR 的核心是承担责任，它是一个通过定期向他人分享结果从而对自己的行为更为负责的机制。它提醒我们去衡量生活中重要的东西，因此，它抨击的也是我们人类最顽固的弱点，即我们每天并没有真正做我们声称想要做的事情。这也是为什么 LPR 能够成为帮助我们实现丰盈人生的重要辅助工具。我们越有能力缩短我们在行动、志向和渴望之间的差距，就越能感觉到已被验证的进步，也因此更有赢得丰盈人生的可能。

　　在彼得·德鲁克许多不可思议的管理预言中，有这样一句话："以前的领导者懂得如何指导和下命令；未来的领导者懂得如何问问题。"这也让我很快地意识到 LPR 还有一个不太显著但同样有价值的好处，那就是：选择参与 LPR 会议，也等于我们正在克服赢得丰盈人生其中一个最大的障碍，因为**我们正在寻求帮助。**

　　依靠个人奋斗取得成功的神话，之所以在现代生活中被推崇备至、经久不衰，是因为它承诺的是我们获得的公平和幸福，与我们的坚持、智慧和努力对等。但越是看似无可抗拒的承诺，就越值得我们去质疑。

从对白手起家这一概念的准确描述上不难看出，依靠个人获得成功是可能的。但突出的问题是：当你可以通过寻求他人的帮助来获得一个更好的结果时，你为什么还要单打独斗？一个丰盈的人生不仅仅是赢得荣耀或感到满足，或是你认为的全由你个人奋斗所获得的结果。

我们中的太多人追求单枪匹马的成功。不像色盲这类先天遗传缺陷，我们不愿寻求帮助的缺陷是后天养成的，是从我们年轻时就已习惯的失败行为中形成的。我读研究生时，并没有在组织心理学课程中学到企业是如何狡猾地阻止员工寻求帮助的。这一课，我是在工作以后才学到的。

1979 年，我在 IBM 位于纽约阿蒙克的总部工作，那正是 IBM 的黄金时代，是世界上最受尊敬的公司，拥有首屈一指的管理体系。不过，IBM 面临的一个问题是：在公司内部，经理人们被认为未能很好地指导他们的直接下属。我被要求审查 IBM 的教练培养项目，数年来，公司在这个项目上已经花费了数百万美元，而改进微乎其微。经理们仍然不善于指导自己的直接下属。我被邀请到阿蒙克进行第一手资料挖掘，找出问题及原因所在。我在和员工访谈的时候，会沿用这样的流程：

我会先问直属下级：

问：你的经理是否为你提供了很好的指导？

答：没有。

然后我问经理人：

问：你的直属下级是否曾寻求你的指导？

答：从来没有。

我再问直属下级：

问：你有向你的上司寻求过指导吗？

答：没有。

带着对 IBM 绩效评估体系的好奇，我对员工年终表现回顾做了分析，发现 IBM 是这样定义优秀员工的：不需要辅导就能表现得很好。基本上，在 IBM 构建的这样一个恶性循环体系里，假如经理人提出指导下属，员工也会因激励导向予以这样的回应："不，谢谢你，老板。我不需要指导也可以很高效地完成工作。"（听起来难以置信吧，但这可不是编出来的！）

我多希望 IBM 的困境是个例，但不是的，有很多企业都犯同类的错误，IBM 是个中典型。从 IBM 高级管理层开始，就有不少人认为承认需要帮助是对自己身份的贬低，他们将寻求帮助视为软弱的信号。如果你需要帮助，那也就代表：你对一些事情不懂；你做不好某件事；你缺乏资源。换句话说（或者用贬义词说），你寻求帮助是因为你：

- 无知
- 无能
- 无助

　　总之，这都会让人很没有面子。由于任何组织里的人都倾向于以他们的老板为榜样，CEO 对寻求帮助的态度会迅速蔓延到各个层级，并成为人人效仿的顽疾。固然，企业也会主动聘请培训师来教授我们在商学院学到的一般性的课程，如团队合作、情境领导、权力下放、全面质量、六西格玛，"追求卓越"及其他，但这些更像是医生和注册会计师为维持其专业资格而必须参加的继续教育课程。

　　至于经理人与员工之间的一对一的辅导，是只有在某个人暴露出他/她的脆弱并主动开口"我需要帮助"下才会进行的，因为在种企业环境里，没有人会关注这类事情。而采用的辅导形式类似于技术性较高的领域中传统的师徒制方式，如医学、表演艺术、木工和水暖工等行业。但那并不是真正的教练，那只是一种更亲密的、手把手形式的教学。这是一个有限的过程，等徒弟学到了足够的知识就可以出师了。而教练是一个持续的过程，就像我们继续改进的愿望一样没有尽头。教授和教练之间的区别在于，前者是"我想学习"，后者是"我需要帮助以成为更好的自己"。

　　我在阿蒙克的时候，并没有完全体会到两者的区别。但就像我职业生涯中大多数重要的进步一样，我是在几个月后，在别人的建议下，才开始对此有了清晰的想法。这次顿悟源于一家大型制药公司的 CEO 给我打的一次电话。

我刚刚为这位 CEO 所在公司的人力资源部门举办了一次领导力培训，他也参加了会议，并且一定是听到了一些触动他神经的东西。他有一个非比寻常的请求，他告诉我："我说的这个人是我们一个很大的部门的主管，他每个季度的指标都非常漂亮。他年轻、聪颖、有创造力、有魅力、遵守职业操守，但傲慢、固执，是一个自称无所不知的混蛋。我们公司崇尚团队至上，但没有一个人认为他善于与团队合作。如果能把这个人的坏毛病纠正过来，对我们来说是一笔巨大的财富；但若不能，他就得离开。"

我此前从未与高管做过一对一辅导（我们今天所熟悉的高管教练模式，在那个时代还不存在），更别说辅导一个离 CEO 职位一步之遥的、一家市值几十亿美元企业的高管。从 CEO 简明扼要的描述中，我已经有了对这个人的大致画像。他是那种在每一个成就的阶梯上都取得过胜利的人。他喜欢赢，无论工作还是玩飞镖，或者是与陌生人争论。从踏入职场的第一天起，他的额头上就印着"高潜"人才，这样一个在整个人生中永远都认为只有自己是对的人，会接受我的帮助吗？

我曾经以小组的方式培训过很多中层管理人员，他们都是些接近成功，但还没有到达高阶职位的人。我的方法对精英中的精英管用吗？我能够帮助他们获得更大的成功吗？

我对这位 CEO 说："我想我能帮上忙。"

他叹了口气说："我表示怀疑。"

"不如这样吧，"我说，"我辅导他一年。如果他变得更好，你就支付我费用；如果没有，我分文不取。"

第二天，我就搭上了返回纽约的飞机，去见我的第一个一对一教练客户。

对我的这第一个教练客户，我有一个巨大的先机，那就是他除了接受我的教练外别无选择，因为如果他不答应就会丢掉工作。幸运的是，他有着良好的职业操守和改变的愿望。最终的结果是，他取得了进步，我得到了报酬。但随着和他相类似的客户越来越多，我渐渐学会创造一个环境，让领导者在寻求帮助时不再感到尴尬。在这里，我不得不又一次回溯我在 IBM 时注意到的另一个悖论：公司领导者们认为教练很有价值，但只对员工们有价值，不包括他们。这完全是无稽之谈，没有谁是完美的，每个人都有这样或那样的缺点，都需要寻求帮助。我的职业又有了一次突破，那就是提醒那些很有成就的客户们这一永恒的真理。

提醒的方法之一是，要求他们列出作为领导者能够为与他们共事的人做的事情。我把它称为"需求练习"——**你的员工需要你给予什么样的支持？**

他们脱口而出的是支持、认可、归属感和目标。但经过更深入的思考，他们告诉我，员工渴望被关爱、被倾听、被尊重。员工需要忠于某些事情，并得到相应的回报。员工需要因工作出色而得到公平的奖励，而非被忽视或被低估。

我对我的 CEO 客户们说道："这足以说明你的员工有非常多的需要。但如果把角色换成是你自己呢？请承认你有和他们一样的需求。你并不比你的员工强多少，他们中的一位或两位，在你离任后，也可能成为企业的领导者。他们就是你。"

我想让客户们看到的是，当他们鼓吹自己是支持性领导者的同时，又自相矛盾地声称他们自己不需要同等的支持，其实这是在贬低他们的员工和忽视他们被尊重的需要。如果员工们也注意到了这一点，无疑说明我的客户们在领导力方面的巨大失败。

鉴于成功的领导者们对任何可能失败的事情都极其厌恶，帮助他们克服对"我需要帮助"的羞愧与抵触，让他们接受教练辅导的过程不算太长。他们也意识到，在有帮助的情况下他们会变得更好。但这种还需说服的情况发生在以前。如今，对高管教练的广泛需求，充分说明了企业对领导者价值的认可，企业也愿意为其投入以让他们变得更好。

运用 LPR 是一个花小钱办大事的选择，它在很多方面能让你获得和教练辅导一样的收益。最重要的是，它给了你一个"我想变得更好，我需要帮助"的许可。承认这一点是接受LPR 必须付出的代价。

和客户进行需求练习的次数越多，我就越注意到，无论你有任何需要，像帮助、尊重、休息时间、第二次机会，不知何故在职场就都被演变成你被嘲笑的原因或性格缺陷，被视为与无知或无能一样令人反感的弱点。

最让我困惑的还是对认同的需求。如果你在谷歌上搜索"认同需要"，出现的前一百个词条都会将其描述为一种心理缺陷，选择性地被定义为：重视别人的意见多过自己的；即使实际上自己不同意，也会迎合别人的意见；为了得到别人的喜欢而赞美他人的献媚行为。什么时候寻求认同或认可变成了一件坏事，成了虚伪、谄媚和诡计多端的同义词？寻求认同或认可，怎么就被贬低为一种乞求？

我认为，在职场寻求帮助和寻求认同遇到的问题是一样的，都是从高层开始的。以我对成功领导者的了解，他们对员工有被认同或被认可的需求是很敏感的，也都非常擅长提供相关帮助。但和他们不愿意承认自己需要帮助一样，他们也不愿意承认他们有被认同或被认可的需要。他们告诉自己，领导者内在的确认感，即自我认可已经足够了，其余都是作秀，等同于自己为自己鼓掌，实属哗众取宠之举。结果是，CEO 们的这种态度被灌输到了各个层级直至整个组织，有关认同或认可的需求被剥夺了应有的地位。

这种"照我说的去做，别管我怎么做"的言行不一的状态也影响了研究这一问题的专家，我的好朋友（也是教练 100 社区的成员）切斯特·埃尔顿。他是研究职场认可价值方面的世界级权威。我问他，在与他共事过的领导者中，是否有不愿寻求认可的例子。

他说："我可能不是回答这个问题的合适人选。在我的生活中，曾经有过一段非常沮丧的时期，于是，我写信给我的十几个朋友，和他们说'我整天都在谈论认可，但说实话，现在的我就非常需要被认可'。结果我收到了十几封感人的回信，这让我感觉非常良好，是他们拯救了我。"

我说："听上去你就是那个最适合作答的人啊！"

他回答："但那是在 20 年前，我只寻求过一次这样的帮助，此后再也没有了。"不过，他也意识到说一套做一套的错误，继续说："其实我是想寻求帮助，并且也应该寻求帮助。"

时至今日，帮助领导者承认他们自己的需求，是我教练工作重要的一部分，有时也是他们唯一需要的建议。

我在 2010 年开始辅导休伯特·乔利，他当时是明尼阿波利斯私营酒店业巨头卡尔森集团的 CEO。我按惯常的程序，先采访了休伯特的直接上司和卡尔森董事会，然后将他们的反馈提炼成两份报告。第一天，我把写有积极反馈的报告发给休伯特，建议他愉快接纳。第二天，我发了一份很长的关于他缺点的意见报告，告诉他要慢慢消化。虽然他已经是一个非常受人尊敬的领导者，但按照我在我的那本《习惯力：我们因何失败，如何成功？》一书中列举的阻碍领导力发展的 20 个坏习惯，据休伯特自己的统计，他还是占了 13 个。他最大的问题是觉得凡事都要有它的价值。很多的问题也因此而来，比如求胜欲太强、太喜欢评判。

和他见面后，我明白了他这些过度证明自己是对的需求来自哪里了。他在他的家乡法国一直是精英学校里的佼佼者。在麦肯锡公司工作时，他也是一个明星级的顾问。30 多岁的他，已担任法国 EDS 公司的总裁。然后他搬到了美国，在卡尔森集团做到了公司的高层。与此同时，我也了解到他还是一位带有宗教色彩的学者，他曾与圣约翰公会的两名僧侣合作（他们是在商学院认识的）撰写关于工作本质的文章。他不仅熟读《圣经》，而且对《古兰经》和东方宗教的教义也很了解，我和他可以说一见如故。

我没有就他报告中的每个坏习惯再进行讨论，只是让他挑选三项他愿意跟进并承诺改进的，便开始了教练过程：为过去的行为向同事道歉、承诺会做得更好、寻求帮助，以及真诚地接受前馈的建议。

两年后，休伯特成为百思买的 CEO。在那里，他面临着美国商业史上巨大的挑战之一：面对亚马逊的价格竞争，拯救一个面向大卖场的电子产品零售商。休伯特在入职百思买之前已经取得了很大的进步，他大可以享受胜利的喜悦，结束我们的教练关系。但他没有，原因有二：①他致力于不断地自我完善，以期在任何时候都能非常舒服地表达自己的需求；②他希望他在百思买的新同事也能看到自我完善过程的实践。所以，他邀请我继续担任他的教练，在他的新工作中继续辅导，并且将这一邀请公之于众。他公开表示他需要帮助，实际上是告诉他的员工："我有一个教练，是因为我需要听到反馈，而你们也同样需要被给予反馈。"

他在百思买实施的策略是不与线上零售商做价格竞争，而是提供更好的"建议、便利和服务"。这意味着，当顾客来到百思买的有着上千个产品的店面时，工作人员不仅要对自己的产品了如指掌，还要怀着极大的热情，使顾客找不到去其他任何地方购买的理由。换句话说，休伯特将商店的命运完全押在了百思买的员工身上。

随着休伯特对百思买的了解越来越深入，我们在讨论如何让员工支持他的战略时，他提出了一个非常规的策略：不通过自上而下的管理方法来帮助员工，恰恰相反，他请求员工们来帮助他。他向他们公开暴露自己的弱点，承认他的每一步都需要帮助。他寻求他们的认可不是以"你喜欢我吗"的个人保证的形式，而是以他们对他的战略的"认同"和承诺的形式。就像一名伟大的销售员总是要求获得订单，或者一个精明的政治家永远不会忘记要求公民投票，休伯特的请求真挚诚恳，他请求员工们与之"真心"相待，希望通过这样的方式提升员工们对其战略的信心。而员工们也愿意托付真心，休伯特要做的就是向他们发出诚挚的请求。

休伯特在百思买的变革期间使股价翻了两番，亚马逊的杰夫·贝索斯在2018年评价说："自休伯特接手百思买的五年来，他做出了非凡的成就。"而这个期间的休伯特也改变了自己，对他的员工们来说，他不再是一个完美的人，而是一个脆弱的普通人，他承认自己并非无所不知、无所不能，他希望寻求帮助。休伯特成为艾伦·穆拉利和弗朗西斯·赫塞尔本之后，我成功教练的又一个对象。艾伦和弗朗西斯是因为改变最少（因为我认识他们时，他俩已经是非常优秀的领导者，后来变得更加伟大），而休伯特则是因为改变最多。

如果我只能给你一条建议以增加你赢得丰盈人生的成功概率，那一定是这条：寻求他人的帮助，你比你想象的更需要帮助。

如果你的身体极度疼痛，你会毫不犹豫地给医生打电话；如果你厨房的水槽堵塞，你会毫不犹豫地给水管工打电话；如果你遇到法律问题，你会毫不犹豫地给律师打电话。你知道你应该如何寻求帮助。然而，每天都有那么一些时候，你明知道寻求帮助是更好的选择，但你却拒绝这样做。请特别要注意以下两种情况：

第一种情况是，你羞于寻求帮助，因为这样做会暴露出你的无知或无能。一家高尔夫俱乐部的职业教练曾告诉我，在俱乐部的 300 名会员中，只有不到 20% 的人曾经跟她学习。更多的人是因为对自己错误的挥杆动作感到尴尬，不敢让她帮助他们。她接着说："我为俱乐部里的三四十个最好的高尔夫球手提供课程，也能很好地养活我自己。这些人只想打出更高的分数。他们并不关心他们是如何做到的，或者是谁帮助了他们。他们甚至都不关心记分牌上的分数。"

第二种情况出现在你告诉自己"我应该能够自己做好这件事"的时候。特别是，当你所面临的任务与你认为自己已经拥有的知识或技能相连接时，你就容易跌入这个陷阱。比如，你正开车经过一个熟悉的街区，所以，不需要手机定位系统的指示也应该能够到达目的地；你以前做过演讲，所以不需要朋友来帮助你微调婚礼的祝酒词或你在最重要的年度销售会议上的发言。

现在的我不再存在这个问题，这就是"我有没有尽力寻求帮助"从我的每日问题清单中消失的原因。因为在许多年前，我已经宣布赢得了这场战役！当时我问自己，在我的生活中，还有什么任务或挑战是我自己单独完成而收获更大的，而不是寻求别人的帮助？但我没有找到答案。你也应该一样。

想想看有多少次，你的朋友、邻居、同事、陌生人，甚至是敌人都曾向你求助，而你：

- 拒绝他们？
- 怨恨他们？
- 认为他们是愚蠢的？
- 质疑他们的能力？
- 在他们背后嘲笑他们需要帮助？

如果你像我认识的大多数好人一样，我担保，你的第一个冲动就是去帮助他们。只有当你缺乏帮助的能力时，你才会带着歉意拒绝，将自己的无能视为你的失败。但有一件事你是一定不会做的，就是即刻回绝或直接拒绝人们的求助。

你在对求助的想法产生抵触之前，不妨想一想：如果你愿意帮助向你求助的人，并不会因此反感他们，为什么轮到你成为求助方时，你会担心别人不会像你一样大度和宽容呢？提供帮助是双向的行为：你希望别人以怎样的方式对待你，你就应该以怎样的方式对待别人。

此外，更有意义的问题是：当你帮助别人时，你是什么感觉？我想我们都同意，那是一种无比快乐的感受，对吗？那你为什么要剥夺别人拥有相同感受的权利呢？

章节练习

写下你的帮助史

这是一个锻炼记忆和感受谦卑的练习。

请完成以下练习：

列出你最为自豪的 5 ~ 10 项成就，特别是那些当之无愧的成就。现在想象一下，你被邀请为每一项成就领奖，并且要在所有的亲戚、同事和朋友面前发表获奖感言。你会感谢谁呢？为什么是他们呢？

我怀疑你会发现在每一项成就中，你的成功都离不开他人的帮助。这里不包含好运气的偶然性，而是其他人用他们的智慧和影响给予你的礼物，帮助你推进一个项目或避免一个灾难性的误判。如果没有这次记忆之旅，我怀疑你总是低估你在生活中获得过的帮助。

一旦你意识到生活中曾被你忽略或未能给予应有赞赏的所有帮助，你就最终了解这个练习带来的惊人回报了。想象一下，若更经常性地寻求帮助，你本可以取得更大的成就，这是多令人懊悔的事情。现在，请延伸你的想象：未来的你需要什么样的帮助？你会首先向谁寻求帮助？

第 12 章
当赢成为你的习惯

我们何时开始为赢而努力？何时结束努力？何时需要暂时停下来，享受努力的过程，并重新评估自己的生活？我们是否会经常得出结论，要为赢得新的目标再次出发？

在前面的四章中，我们阐述了若想赢得丰盈人生所必需的自律力，以及它为什么是一种习得的技能，为什么说它是我们遵守、担责、跟进、衡量及社区支持的产物。我们还介绍了结构简单的 LPR，作为帮助我们时刻依计划而行的体系。此外，我们还了解到，当我们承认需要帮助时，我们往往能做得更好。

自律力、依计划行事、寻求帮助，接下来要说的就是时间的重要性。赢得丰盈人生是一趟艰苦的旅程，需要全身心投入。而作为人类，我们的精力、动力、注意力等资源总有枯竭的一天。我们应该在什么时候猛踩油门，又应该在什么时候养精蓄锐、重新出发？反思我们的需求与"永远处于丰盈人生状态"下的紧迫感之间的平衡，要看我们完成了什么，以及还剩什么要去做？

丰盈人生的赢得是一场漫长的旅程，更正一下，这是一个漫长的比赛。你需要兼具自我觉察和情境觉察两种策略，在保持紧迫感的同时避免精力枯竭，直至赢成为你的习惯。

1. 赢在开始

我们的一生会经历一个又一个阶段的结束，以及一个又一个阶段的开始。其中一些是现代生活可预测的标志性阶段，如毕业、找到你的第一份"真正"的工作、结婚、购买你的第一套房、为人父母、离婚、事业有成、事业失败、失去亲人、好运降临、产生伟大的想法，这些时刻可能令人兴奋，也可能令人困惑到迷失自我（"我接下来该做什么呢"）。它们可能是机会或危机，也可能是转折或倒退。盖尔·希伊（Gail Sheehy）在她1977年的同名畅销书中将这称为"人生历程"，而我的故友比尔·布里奇斯（Bill Bridges）则称其为"转变"[每隔几年，我都会重温他在1979年出版的关于这个主题的经典之作《转变》（*Transitions*）]。

我们都经历过这种新旧交替的间隔。根据比尔·布里奇斯的说法："转变的过程并不取决于是否有一个替代的现实等着我们，而是，当你的生活的某些部分结束时，你就自动处于一个转变期。"

但是，如果我们把转变期看作是行动中的沉寂、暴风雨前的宁静，是我们可以按下暂停键，被动地等待下一个阶段——那个"替代现实"阶段——的开始，那就大错特错。我们的转变期不是真空期，我们漫无目的地游荡，直到找到一条逃生路线。我们的转变期和我们人生那些需要全情投入的阶段一样生机勃勃。

美国编舞家崔拉·夏普堪称转变的大师。在其 50 年的职业生涯里，她共创作了 160 余部芭蕾舞和现代舞。这意味着在每个编舞的结束和一支新的舞蹈诞生之间，她经历了 160 余次的转变。但同时，她也面对了 160 余次诱惑，因为在每次开始酝酿下一个作品之前，她每年至少可以躺平或小憩 3 次。但夏普从不为所动，从不会等待下一个灵感捶打她的脑袋，她总是主动出击。用她的话说，她必须"努力赢得她的下一个开始"，把旧的作品抛之脑后，搜寻作曲家、聆听各种音乐，数小时在镜头下练习舞步以防任何想法的丢失。当所有这些看似不相关的元素渐渐统一时，她就为新一轮的创作做好了准备。她就是这样赢得每一个新的开始的。业余舞者眼中无所事事的节目区间，在夏普的眼里如金子一般珍贵，和她的舞者在演出前还在紧张专注、汗流浃背地排练是一样的。转变对夏普而言，不是丰盈人生的喘息期，它就是其重要的一部分，和她所做的其他全力以赴的事情一样。

我认为夏普在这一点上是对的，即我们每个人对如何定义自己生活的转折点都有一套独特的标准。那个转折点就是我们脱离了以前的自己，开始适应希望成为的那个全新的自己的时刻。像崔拉·夏普这样的创新艺术家，从小的意义上说，可以将单个舞蹈之间的间隔作为她的转折点；从大的意义而言，可以她职业生涯的每个主要风格的彻底转型来定义（类似于毕加索的蓝色时期和玫瑰时期）。

你和我对转折点的标记也肯定各不相同。例如，对我的生命而言，人是我重大转折点的标记，尤其是那些以不同形式鼓励我的人。我最早对他们的记忆可以追溯到我读 11 年级时，我的数学老师牛顿先生告诉我数学成绩为 D 是不可原谅的，因为他对我怀有很高的期望。这种情况在我的生活中发生过十几次，而这十几个人中的每一个人，不管是否有意为之，都促使我突然对目前的自己感到不满，并强烈渴望成为一个全新的自己。我可能不知道那个人具体是谁，但他们将我推进了转折期，在那里我得以厘清选择、探寻答案，从而赢得下一个开始。

我们用来描绘生命弧线的标记完全是个人的选择。一位高管告诉我，他主要的转折点都是他把事情搞砸了的时候。他把本是羞耻的时刻，改变为从每一次惨败中吸取经验教训的时刻，这样他永远不会再犯相同的错误。另一个人说，他的转折点是在 6 分钟内意识到他不再是房间里资历最浅的人的时候，他的影响力已经提升。每当他意识到自己的职业能力提升的时候，他就会标记一段时间的流逝。一位工业设计师通过她设计的产品来标记她职业生涯的转折点。每一个设计就像一个里程碑，标志着她在一个产品和另一个产品之间所走过的路。当她按时间顺序回看这些设计时，她看到的是随着把每个产品推向市场，自己也得到不断提升的证据。

年龄也是一个因素，你对自己重大转折点的看法会随着岁月的累积而改变。在 2022 年，我通过横跨 73 年间对我影响最大的十几个人的视角可以基本还原我的生活。但对于一个 18 岁的少女来说，从幼儿园到高三之间的 13 个暑假，就是一个阶段到另一个阶段的转变。但到了晚年，那些年轻时候定义的转折点渐渐消散成为背景，而当时不被重视的某些时刻又被视为决定性的标记。当她像我一样 73 岁时，我怀疑她会不会把她在高中看过的每个电视剧的片段作为她人生的转折点。

在你知道自己已经处于转折点以前，你不可能知道你是否已经赢得下一阶段的开始；而在你知道如何划分转折阶段以前，你又无法判断哪里是转折点。

2．摆脱过去的自己

在你真正赢得你生命的下一个阶段之前，你必须完全告别你声称已经离开的旧阶段。你不仅要放下过去的成就（你已经不是赢得那些成就的那个人），你还必须放弃你旧有的身份和做事的方式。从过去的自己中学习是可以的，但我不建议你每天都回到过去。

当我在 2018 年第一次见到柯蒂斯·马丁时，距离他从NFL 退役已经有 12 年了。我很好奇，他是如何从职业运动员转变为普通民众的。他还怀念什么吗？他还有什么难以割舍的吗？我原本以为他会讲竞争、队友、欢呼声，那些我们在赛后采访中常听到的故事。蠢笨如我，我完全没有猜中。

柯蒂斯说他怀念的是对职业运动员的培养"模式"。能够打进 NFL 的球员，一定在高中就脱颖而出。因此，他们从十几岁开始就被好心的成年人关注、指导和关心。他们从来无须向长辈请教，因为那些人一直就在他们左右，即使他们已是 30 多岁且富有的超级巨星，即使他们也有了自己的想法。从 7 月的夏令营到 1 月的季后赛，NFL 球员每天的每一分钟都是有计划和有步骤的：吃什么，什么时候训练，什么时候研究和背诵战术，什么时候健身，什么时候接受伤病治疗，什么时候参加比赛，什么时候出现在球队的巴士或飞机上。所以用不着惊讶，很多高效的运动员就是靠这套多年采用的训练和工作模式打造出来的。

这才有了柯蒂斯对"一呼一吸"范式的体验，因为那是他唯一可做的自我的主张。也许是因为柯蒂斯意识到了职业运动生涯的脆弱——你最多只能和你的上一次的表现一样好，因为你无法依靠上个赛季的统计数据来保住你的工作；也许是教练比尔·帕塞尔斯告诉他的："柯蒂斯，你永远不要想着退出比赛，因为一旦有人取代你，你可能永远不会再有机会回到场上。" 总之，柯蒂斯虽活在当下，但眼睛一直看着未来。过去的柯蒂斯早就被抛在身后，那是以前的柯蒂斯留下的遗物。在打球的日子里，柯蒂斯始终有两条发展轨迹，一是球员柯蒂斯，二是前任球员柯蒂斯。在"球员轨道"上，他秉持的模式是别人为他设计的，他知道他们在帮助他走向成功；而在"前球员的轨道"上，他再次利用在实践中得到教训，变成可在余生使用的智慧。当他 33 岁退役时，放下对外部指导的依赖并不困难，因为他已经准备好用内心给予的自我方向来取代（那个方向，和他真正的渴望相一致，那就是帮助他人）。他的生活仍需要秉持某种"模式"，但这个"模式"是他自己创造的。

我们只有真正地告别过去的那个自己，摆脱所有过去的旧有模式，创造一个全新的自我，才可能像我们离开房间时关灯一样容易。

3. 成为赢的反应大师

如何形成一个好的习惯并不神秘。今天这已是一个被充分研究的行为概念，常被描述为刺激、反应和结果三部曲。我的研究生导师称它为 ABC 序列，即事前、行为和后果。我还听过其他描述，像"原因 – 行动 – 结果"序列。不管如何称呼，只有序列的中间部分是最重要的，即我们的反应（或我们的行为或行动）。因为，那是我们唯一可以控制和改变的部分。

如果我们每次对同一刺激的反应都很差，那么我们对每次得到同样令人失望的结果也没有什么可惊讶的，因为我们对自己的不良反应已有预测，我们也因此获得了另一个不好的习惯。消除这个新的不良习惯的唯一方法，就是有意识地用更好的行为来改变我们对同一刺激的反应。这就好比，与其杀死"带给我们坏消息的信使"，为什么不保持冷静并感谢信使呢？改变反应，然后才能改变习惯。

我曾以提醒非常聪明的领导人注意这一戒律为职业。我告诉他们要把与员工的每一次会议当作一个危险刺激的雷区，否则会形成适得其反的习惯，比如：非得是房间里最聪明的那个人；总是要体现自己的价值；要赢得每一次争论；惩罚直言不讳的人。我的客户都是快速学习者，也不需要"临床治疗"，我只要提醒他们在会议上对自己的反应保持警惕即可。提醒的方法也很简单，在他们面前放一张类似索引卡的卡片，上面写着针对他们问题的提醒：停止追求事事都要赢。这样做有价值吗？你是这个问题的专家吗？然后让这些卡片一直保持在他们的视线范围内，以便他们在面对让自己不舒服的刺激时，可以改变做出的反应。良好的行为就是这样被程式化、重复，并转化为持久的新习惯的。

那么，这种相互作用的方式也能应用到像拥有丰盈人生这样更复杂和更重要的事情上吗？我们能够让追求丰盈人生成为一种习惯，就像收到赞美时脱口而出"谢谢"那样吗？

我的答案是可以。只要我们在做出正式的反应前，在刺激和结果之间，刻意做一个深思熟虑的停顿。停顿让我们有时间考虑触发事件所传递的明确和隐含的信息，以及我们采取行动之后所期望的结果，它促使我们以自己的最佳利益出发，做出理性的反应，而不是感情用事或冲动行事。

现在看来，在我的学生时代，对我棒喝"你可以做得更好"的人太少了。我一定是凭着直觉认为我正面临着人生中一个有意义的转变，一个摆脱旧的马歇尔，成为全新的马歇尔的机会。"你可以做得更好"这句话本身也是一种刺激，仿佛在告诉我"孩子，你弱爆了"。同时，这句话也暗示"如果你不改变，你的余生都会在后悔中度过"。在牛顿先生对我说在他心目中我是远比 D 要好的学生时，我的反应是通过证明他是对的来赢得他的认可的。因此，到了高中，我的数学成绩一直是全 A，并在数学竞赛上取得了我所在高中的第一个满分 800 分的成绩。我想说的是，我的反应导致了态度上的永久改变。当然，单一事件并不能形成一个好习惯，习惯的养成都是对事件的不断重复。

我在印第安纳州特雷霍特的罗斯·霍曼理工学院读本科的时候，又恢复了懒散的生活方式。1970 年的一天，我被棒喝的事件再次发生，那是在应教授的经济学课堂上。他对我说如果我愿意"改过自新"的话，他对我的未来充满信心。他鼓励我参加经企管理研究生考试，并申请印第安纳大学的 MBA 课程，这导致我奇迹般地考入了加利福尼亚大学洛杉矶分校的博士生项目。在那里，我至少听到了两次"你可以做得更好"的告诫，分别从鲍勃·坦南鲍姆（Bob Tannenbaum）教授和佛瑞德·凯斯（Fred Case）教授那里。每一次，我都积极回应，变得更加勤奋。当我和保罗·赫塞在一起时，我迎来了新的转折点，但我对"你可以做得更好"的反应已经重复很多次了，这实际上已经成为一种自然习惯。每一次，主要的驱动力都是我担心自己做得不够好会让自己后悔。我不再是那个不可救药的懒汉。我渴望通过自己最大程度的努力赢得未来。避免后悔的痛苦，已经成为我对赢的反应。

我相信这就是为什么自 1970 年，每当我听到"你可以做得更好"的告诫时，我是如此热切和积极地回应了。因为，当我回顾这些重要的讲话时，我立刻就明白为什么它们听起来那么熟悉，那是因为我的大脑在告诉我："我以前来过这里，我熟悉这些迹象，它们就是我的每一个新的转折点。" 刺激和对成功的奖励对我来说都如同转折点，所以我的反应也是一样的。我的大脑会立即开启调整模式，承诺自己开始人生的下一个阶段。所有的事情都是要靠努力和奋斗获得，我认同这样的理念，我凡事做到最好的习惯就是这样养成的。

我想你也是一样的，就算你没有像我这样幸运地得到如此多的来自外部的鼓励。事实上，也是由于我太安于自己的舒适区，惰性限制了发展，才不得不依靠别人推我一把以赢得我的下一个阶段。

但这也未必就适合你。"你可以做得更好"不仅只是针对那些没有发挥出自己潜力的人，它还适用于那些已经小有所成，但仍然相信自己还能取得更高成就的人。不像我，你不需要等到别人给你指出正确的方向（虽然，有人这样做，是非常好的）。你自己已经知道想要去哪里。每当你认为你可以也应该为自己的生活做得更多的时候，你实际上就是在练习自我激励。自我激励是有效的且值得养成的一种习惯。

4．只击打眼前的球

高尔夫是一项难度很高的运动，即使最伟大的球员在他们状态最好的一天，也免不了出现一些失误。但优秀的球员都有一种能力，就是在球场上磨炼出来的遗忘症，其可以减轻失误的影响。他们对必然会发生的错误的处理方法直接而有效，就是让愤怒和自我厌恶感快速爆发以释放紧张的情绪，然后将它们忘掉。当他们从开球区走上两百多步，走到球不幸落下的地方的时候，有些情况是，球会落在离球道20码（1 码 = 0.914米）甚至更远的又高又厚的草丛里，低垂的树枝还挡住了通往果岭的路。但这个时候，他们已经能厘清思路，将注意力集中在球上，这种情形就是我们说的"只击打眼前的球"。他们就是当下的大师，无论之前球场上发生过什么，都不会影响他们的思考。他们与球童讨论战术、码数和球杆；权衡与埋在高草里的球进行良好接触的可能性；计算将球打回果岭的风险回报率，或者干脆就接受后果直接把球打回球道上。他们也会考虑好下一杆要怎么打，但在那一刻，他们只专注在眼前这个球要怎么打，然后去击打，其他的都不重要。他们每一轮要挥杆60～70次，每次击打前这样的思考已是他们规定动作的一部分。换句话说，这已是一种习惯。

规定动作中最有启发的地方是在球场上从上一个位置走到下一个位置。无论是320码的开球，还是把球从20英尺（1 英尺 = 0.305 米）开外打到离洞口3英尺的地方停下，如何完成这一任务取决于他们上一杆到即将打出的这一杆的过渡，以及当下的专注力。如果打出的每一杆都能做到这样，他们就会对这一轮比赛感到满意。无论记分卡上是否反映出他们的比赛水平，他们都由衷地高兴，因为，至少他们知道自己在当时那个情况下已尽了全力。

对于像我这样非常差劲的高尔夫球手（差劲到我在25年前就放弃了这项运动），在电视转播中看他们对每一杆的评估过程，就像看草在生长一样耗时。为什么职业选手们不像我惯常的那样，直接走到球的前面立即挥杆呢？当然，职业选手的方式才是正确的。正是因为对规定动作的始终如一，他们才能成为优秀的球手。这也是在把以前和未来的自己与现在的自己分开这件事上，专业人士的方式更易于效仿的原因，它提升的是我们"当下"的智慧。

诺贝尔奖得主丹尼尔·卡尼曼有句名言："你以为你看到的就是全貌。"这也被广泛地以缩写的形式 WYSIATI 呈现。它指出了我们是如何快速利用我们所掌握的有限信息做出不成熟的结论的。这类匆忙做出判断的情况，也是人类作为偏见的非理性行为者的一个例子。

我更愿意从一个更积极的视角来应用他的 WYSIATI，提醒我们看到的每一组事实都是基于情景的。所以，把摆在我们面前的事情做到最好，是一种可贵的品格。当高尔夫球手击打他们面前的那个球时，就会化身为极其理性和客观的行为者，切断因过去或未来的担忧可能对判断造成的影响。他们承认高尔夫就像生活中的大部分事情，是情景性的，从不涉及以前或之后，只有当下。他们在最好的状态下，是拥有正念和活在当下的大师。

虽然活在当下的价值已毋庸置疑，但未能"打好眼前的这一球"还是我们一贯的行为模式。我们因为思想上正在练习等一会儿要做的演讲，而在早餐桌上忽略了孩子们；因为正在回忆 10 分钟前接到的那个令人不安的电话，而导致整个会议期间精神恍惚、分心走神。我们拒绝原谅他人或接受人们的变化，是因为我们根据自己对他人最糟糕时刻的记忆对他们进行了定性。可以说，我们整天都在干着这样的事。

当我们无法击打摆在面前的球时，我们就无法实现转变，也无法看到我们的世界。有些东西，无论大小，已经发生了不可逆转的变化，我们必须面对这个新的现实。当 2020 年 3 月新冠疫情暴发时，我在教练 100 社区看到了不同的景象。当一些成员能够面对当下的局势并顺利地做出改变时，还有一些成员如卡壳的齿轮举步维艰。塔莎·欧里希（Tasha Eurich）就是后者之一。其实，2020 年理应是她破茧成蝶、所向披靡的一年，因为在两年前她就与一家大型出版社合作，出版了她的第一本书《真相与错觉》（Insight），那是一本关于我们眼中的自己和别人眼中的自己差异的书，一经出版便得到了企业界极大的关注。塔莎还是一个充满活力的演讲者，我也因此请她为我们 2020 年 1 月在圣迭戈举行的教练 100 社区聚会的第一个下午环节开场，她出色的表现点燃了全场的气氛。可是 6 周后，所有人的大计划都崩塌了，塔莎也受到了极大冲击。她为走到 2020 年这一刻所付出的所有努力，两年的心血，如今都被抹去。其实，她的客户、同行也在遭受同样的痛苦，但这并没有给她带来安慰，对她来说，这是一个看不到尽头的外部因素的打击。

当我在 2020 年 5 月初检查她的状态时，她仍然因为自己的努力付之东流而愁容满面，既没有准备好向前看，也不愿面对自己所处的现实。世界已经改变，而她在这个转变的过程中遇到了困难。我建议她用"只击打眼前的球"的方式思考，以及放下她无法改变的过去。我还提醒她，世界并没有消失。渐渐地，随着她的企业客户适应了新的工作环境——空荡的办公室，每个人都在家里通过网络上班，以及 Zoom 视频通信软件的流行，对她专业能力的需求又回来了，虽然没有像之前那样稳定（至少暂时还没有），但慢慢地，她开始把过去抛在脑后。当你这样做的时候，剩下的只有当下和未来。区分现在的塔莎和未来的塔莎，对她来说是非常有意义的洞察，也是她逃离到一个更有希望的环境的方式。

到了 2020 年 11 月，鉴于她的咨询和教练业务仍未满负荷，她决定利用业余时间构建她自己的指导社区。她仿效我建立教练 100 社区的模式，也发布了一个简短的自拍视频，邀请申请人接受她的指导。在数百个回复中，她挑选了 10 名成员，并给这个社区起了个绰号，叫"塔莎十人"。这个社区无关乎金钱，无关乎公众赞誉，单纯是一个私人的慷慨行为，目的是为自己的生活增加一点目的和意义。她不知道这将会把她引向何方，但她渴望能找到答案。

就在那一刻，塔莎完成了她的转变。她不再执着于那个善待她的但再也回不来的过去，她已经找到了某种有意义的东西来取代它，她已经赢得了她的下一个开始。

我以两个问题开启了本章节的讨论：我们何时开始为赢而努力？何时结束努力？现在我以简短的回答作为本章的结束：当我们完成了既定的目标，或者当世界或我们自身的变化，让我们正在做的事情没有继续下去的意义时，为赢得而付出的努力就结束了。当我们决定重新创造自己的生活，即使想法始于他人，但也是为了重新定义自己，打造只属于我们自己的生活时，为赢得而做的努力就又开始了。在开始和结束之间，我们必须放下许多东西——我们的角色、我们的身份、我们对过去的忠诚、我们的期望，然后努力找寻我们的下一个目标。这就是我们在生活中赢得一个又一个新的开始的方式。我们必须关上生命中的某扇门，才能去打开一扇新的门。

章节练习

什么是你的"不可能"

当诗人唐纳德·霍尔（Donald Hall）向他的朋友、雕塑家亨利·摩尔（Henry Moore）询问生命的秘密时，刚满 80 岁的摩尔给了他一个速成又实用的答案："人生的秘诀就是你要有一项任务，一项你愿意倾其所有、倾其一生，每时每刻都要为之奋斗的任务。最重要的是，它必须是一件你不可能做到的事情!" 对我来说，这就是对渴望最完美的诠释。

霍尔相信，摩尔对"你不可能做到的事情"的定义就等于"成为有史以来最伟大的雕塑家，并且自己深知这一点"。一个崇高的愿望，也许并不比许多人怀有的看似普通的愿望更高：摆脱尘世的烦恼，获得幸福，开悟，或者被人深深记住。

什么是你的"不可能"?

第 13 章
花钱吃糖

多年以前，我参加了由瑞士银行（UBS）私人财富集团主办的"商界女性"会议，我是其中一位演讲嘉宾。在我前面发言的是一位科技行业的女性先驱，一家小有名气的公司创始人和 CEO，她的智慧和令人耳目一新的坦率在 20 年后仍让我记忆犹新。她是那天最好的演讲者。

她说，她并不经常参加类似这样的导师会议，因为经营企业是一项要求很高的工作。假如每一次的邀请她都接受，那就意味着她所有的时间都会花在辅导女性方面。她说，她始终坚持只做对她来说极其重要的三件事：花时间与家人在一起、照顾好自己的健康和保持身材、在工作中做到最好。这三个角色已占用她几乎所有的时间和精力。她不做饭、不做家务和其他琐事。在吸引了与会者全部的注意力之后，她又以加倍的语气直截了当地强调："如果你不喜欢做饭，就不要做饭；如果你不喜欢打理花园，就不要打理；如果你不喜欢打扫卫生，就雇人打扫。只做对你来说最核心的事，除此之外，都把它扔掉。"

听众中有一位女士举起了手，说道："这对你来说当然很容易，因为你有钱。"

这位 CEO 并不认可这个理由，反驳说："我碰巧得知，今天在座的各位的最低工资至少有 25 万美元。如果你们不是各路精英，是不会被邀请到这里来的。难道你在说，你没有能力雇佣别人来做你不想做的事情？作为一名专业人士，我想你不会接受最低工资，那为什么在其他地方就可以呢？你完全是在贬低你的时间的价值。"

她道出的话对许多人来说是很难接受的事实：**要想追求任何一种完美的人生，特别是丰盈人生，就必须付出代价**。她指的不是金钱，而是要在重要的事情上做出最大的努力、承受必要的牺牲、意识到风险和可能的失败，但同时能够摆脱这些负面影响。

我们中有人愿意如此消费，也有人因各种原因而不愿意。但从结果来看，多数不愿意的人都会后悔。

其中一个常见的原因就是引用那众所周知的"厌恶损失概念"：避免损失的冲动大于获得同等收益的愿望。当我们的努力很大概率能够获得成功时，我们自然愿意付出代价；反之，当概率较低时，热情便会减少。我们希望自己的努力与牺牲一定不是徒劳的，同时害怕为实现一个目标不顾一切地投入，但到最后却一无所获。我们认为，若全然献身在一件没有结果的事情上是不公平的，我们不愿意为这样的预期付出代价。没有竹篮，也就不会空打水。

这是一个如此根深蒂固且强大的信念，我必须在我的一对一辅导中慢慢适应它。即使成功的客户们用结果证明了他们对凡事有代价这一概念的接纳，我仍然觉得有必要向他们打预防针，保证他们对教练课程的努力不会是徒劳的："改变的过程确实不容易，一次失误可能就会让你的进步化为乌有，把你打回原点。但是，如果你跟上节奏，坚持一年到两年，你将会变得更好。" 虽然看上去我只是在承诺教练课程的效果，但教练工作的一部分就是传授确定性。我用承诺成功这一方式，帮助我的客户减少对付出代价的抗拒。

不愿付出的第二个原因是视野的局限。我们当日的牺牲并不能产生当日就可以享受的回报。我们的自制力所带来的好处是在很远的未来，是对我们自己也不知道的未来样子的赠予。这就是为什么人们宁愿把闲钱现在就花掉，也不愿把它存起来，让复利的奇迹在 30 年后把它变成一笔有用的财富。有些人愿意付出这样的代价，他们能够预见未来，自己会对为他们的利益做出牺牲的那个以前的自己产生感激之情。但有些人则看不到那么远的未来。

第三个原因是我们对"零和"世界的看法：一方得益就必然有一方吃亏。付出的代价其实是机会成本，计算的是我们必须牺牲的东西。"我做了这件事就做不了那件事"的观点并不完全错，只是用以考虑付出代价的概念没有任何意义。愿意付出代价的定义是：做富有挑战性和风险性的事，而不是容易且带确定性的事，也就是说，我们并不需要为有把握的事情做出牺牲。大多数时候，当我们选择迎难而上时，就意味着我们已经自动排除了所有的其他选择，包括确定的事情。毕竟，谁也不可能同时身处两地，有些东西必须放弃。

你越早接受这一点，越会对付出代价感到舒适。我读过有关伟大的法国滑雪运动员琼－克劳德·基利（Jean-Claude Killy）的故事。他对他的经纪人说："我只在任何有冬天的地方训练，一年中有一半时间在北半球，一半时间在南半球。我已经有很多年没有感受过夏天的味道。"基利，这位 1968 年冬季奥会上的主宰者，包揽了那届高山滑雪所有金牌的法国民族英雄，并没有把缺失夏天说成是他遭受的苦难，他不介意为得到金牌而付出代价。怀揣着金牌的他，可以尽情地享受夏天。

近几年我注意到人们为付出代价而犹豫不决的第四个原因：它迫使人们离开自己的舒适区。例如，我不喜欢冲突，十有九次都是能躲就躲。因为对我来说，和人争执没有任何意义。但第十次，倘若我非常珍视的东西处于危险之中（这个东西可以是一个项目、家庭，或者是一个需要帮助的朋友），只要我认为是必须的，我愿意站出来与任何人对抗。我虽然不喜欢，但做了并不会让我后悔难受。

我不是在嘲讽上述原因，因为当你的付出远远超出你预期的回报时，以上任何一条道理都会显得合理，这些结果根本不值得如此努力。就好比你用了 6 个月的时间来学习一门外语，仅仅是为了去那个国家进行为期一天的访问，那还不如直接当天请一名翻译。

为了在何时付出及何时放弃之间做出更明智的选择，首先要解决的是无处不在的延迟满足与即时满足的对立感。在我的字典里，**付出代价**等同于**延迟满足（而不愿付出代价**也就等同于**即时满足**）。这两者都是关于自控力的，是从你醒来的那一刻起，每分每秒都要面对的两难问题。例如，你打算早上在上班前锻炼，当5:45的闹铃响起时，你迟疑了一下，权衡着享受在床上再睡半小时的即时满足感，与开启例行健身日常带来的延迟好处与承受以计划挫败而开始一天的痛苦心情，那可是一种会令人恼怒的愿望与目标的双重失败。无论最后锻炼是否能战胜懒床，这也只是你今天将要无数次从延迟满足与即时满足中做出决定的第一件事。早餐时这种考验又在继续，你是选择一份健康的燕麦片和水果，还是诱人的鸡蛋、培根和吐司，以及外加双份拿铁咖啡？之后到了办公室，你是选择在第一个小时来处理你待办清单上最困难的事情，还是晃去别的部门和同事闲聊？这样的冲突选择一个又一个地出现，一直到当晚，你必须在获取充足的睡眠和畅游在网飞中做选择。总之，这样的选择永远不会停止。

虽然从出生到死亡，我们对延迟满足的态度会发生有趣的变化，但在我看来，在我们成年之后，只有两个时候，选择即时满足不是对灵魂的折磨。第一个是年轻的你，那时你对时间的飞逝没有感觉，也不认为有必要存钱或照顾你的健康，或者为此献身于某个特定的职业。你挥霍着你的时间和资源，因为还有大把时间收复你流失的事物。从某种程度上说，自愿付出代价是可以一直推迟的，直到感觉"迟了"的某个时间点（不管这意味着什么）到来。另一个就是暮年的你，那个当下的你和未来的你已同为一人的时候。到了那个年纪，你已经成为你想成为的人，或者你没能跨过心中的那个高栏，但已接受当下的自己。那便是兑换筹码的时候了。为此，你预订了昂贵的旅行，无偿地奉献出你的时间，并且毫无愧疚地吃下一大桶的冰激凌。

在这中间的许多年里，你不断地接受着延迟满足的考验。这也是为什么拥有延迟满足的能力是过上丰盈人生的决定性因素，甚至是比智力更可靠的预测因素。

最后，在自愿付出代价上最有说服力的理由是，无论何时我们为何做出牺牲，最后我们一定会更加珍惜和重视。为我们的生活增加价值是一个值得奋斗的目标。并且，付出代价的感觉也是很好的，无论你英雄般的努力是否带来了回报。如果你奋力打出了那一杆，即使没有打到，也并不可耻。

世上没有遗憾! 遗憾是你为"没有付出代价"而付出的代价。

也就是说，在我们积极的人生中，我们总有肯定自己已付出了足够的努力，理应享受成果的时候。无论这个成果多短暂，都值得我们放松一下。这个时候，就是棉花糖召唤我们的时候。

在 20 世纪 60 年代末，斯坦福大学的心理学家沃尔特·米歇尔（Walter Mischel）针对学龄前儿童进行了他著名的"棉花糖实验"，实验对象是该大学附属的宾格幼儿园。研究人员拿了一些棉花糖给孩子们，告诉他们可以在任何想吃糖的时候吃这颗棉花糖。与此同时，研究人员还告诉他们，如果他们能在 20 分钟以内不吃棉花糖的话，就会得到一个更大的奖励：两颗棉花糖（选择还包括饼干、薄荷糖、迷你冰激凌等）。这是关于即时满足和延迟满足最为生动的一次选择。孩子们独自坐在一张桌子前，面对一颗棉花糖和一个可以在任何时候按响的铃铛。他们可以选择想吃时马上摇铃召唤研究人员，或者等 20 分钟后研究人员出现时再吃棉花糖，同时再得到额外两颗棉花糖。下面是米歇尔的记录：

> 我们在观察这些孩子挣扎着克制自己不在按铃时激动地流泪，为他们的创造力鼓掌，为他们加油。我们也在孩子们身上看到了新的希望：即使年幼的孩子也有抵制诱惑的潜力，也会为迟来的奖赏坚持不懈。

之后几年对这些孩子的跟踪研究使米歇尔得出如下的结论：那些等待两颗棉花糖的受试者，他们的 SAT 分数更高，有更好的教育成就，以及更低的体重指数。这些研究成果最终促使米歇尔在 1994 年出版了《延迟满足》（*The Marshmallow Test: Why Self-Control Is the Engine of Success*）一书。这是关于人类行为鲜见的实验室研究，它也成为文化的试金石（比

如：写着"不要吃棉花糖"的 T 恤）。○

广义上讲，延迟满足是指抵制眼前比较小的、令人愉快的奖励以换取长远的更大的、更有价值的奖励。许多心理学文献把延迟满足过于神化，将其与我们所有的"成就"联系在一起，我们被无情地灌输了要以牺牲眼前的快乐换取远期结果的获得为美德。

虽然我们对棉花糖实验所暗示的学习延迟满足的单方面好处难以忽视，但也有另外一种视角看待这项测试。想象一下，如果这项研究被扩展到第二颗棉花糖之后会怎样？等待了规定的几分钟后，孩子们就能得到第二颗棉花糖，那如果告诉他们："你再等一会儿，会得到第三颗棉花糖！然后是第四颗、第五颗、第一百颗棉花糖……"

如果按照这个逻辑，延迟满足的终极境界就是一个垂死的老人，躺在一间满是未被开封的棉花糖的房间里等死。我敢说，没有人在大限将至时希望成为那个人。

我常常向我的学员强调棉花糖实验中蕴含的警告。他们的成就是令人敬畏的，而他们对延迟满足的意志力和控制力同样也令人敬佩。我的教练客户中有很多都是当今世界非常成功的

○ 后来的研究，结合常识的应用，对原始测试的合理性提出很多质疑。在父母受过高等教育的斯坦福大学社区长大的富裕家庭的孩子，比父母教育程度较低的穷孩子接受延迟满足的比例更明显。而这些孩子也更有可能相信权威人物——研究人员——会提供奖励。

领导者，他们往往具有非凡的教育背景。但有时，他们太过忙于为未来的成就做着牺牲，忘记了享受现在的生活。我对他们的建议也是我此时要对你说的话：**"知道有些时候应该吃棉花糖，那就吃呗！"** 请你今天就这样做（即使只是为了恢复即时满足的快感），不要直到暮年才惊醒。

商业作家约翰·拜恩（John Byrne。顺带一提，我是他婚礼的主持人）与杰克·韦尔奇（Jack Welch）合作，于 2001 年出版了韦尔奇的回忆录《杰克·韦尔奇自传》。他告诉我一个关于韦尔奇的故事。1995 年 59 岁的韦尔奇心脏病发作，有三处需要做搭桥。这次手术吓坏了韦尔奇。他开始重新思考自己生活中的大情小事。他得到的第一个教训就是戒掉廉价的葡萄酒。那时的韦尔奇已经在通用电气公司担任了 14 年 CEO，是个很富有的人，但你不会从他在家里所喝的廉价葡萄酒中看出这一点。随着他对生命短暂的顿悟，韦尔奇开始在他的酒窖里只放最珍贵的波尔多红酒。如果你和韦尔奇一起在家里吃饭，这就是他能提供的全部。因此，你是在品尝这个幸运之人的棉花糖。

要为自己创造不同凡响的生活，你必须接受一个事实，那就是长期的成功需要牺牲短期的利益。但你不能过分追求延迟满足，有时候要停下来享受这段旅程。人生虽是一个永无止境的棉花糖实验，但并不会因为累积最多未吃的棉花糖而得到奖牌，如果你就是这样，那你肯定有囤积的癖好，会因此而后悔的。

沃尔特·米歇尔在他的书的最后讲述了兄弟俩截然不同的故事：一个是循规蹈矩而富有的投资银行家，拥有长期稳定的婚姻，成年的孩子们也都过得很好。他的兄弟是住在格林威治村的作家，已经出版了 5 部小说，但几乎无人问津。他自称过得很好，白天写作，晚上醉心于单身状态，流连于一个又一个短期关系中。作家弟弟借用了"棉花糖实验"，猜测他那认真、直率的银行家哥哥就是能够永远等待棉花糖的那种人。而他与哥哥形成鲜明的对比，他把即时满足视为一种生活方式的选择。

令人惊讶的是，在兄弟俩鲜明的对比下，米歇尔赞赏的却是作家的生活方式。他指出，作家一定是培养了自己很强的自制力，才能在大学里完成创意写作课程，并随后出版了 5 部小说。米歇尔还为作家自由奔放的约会态度找到理由，指出作家可能需要同样的自制力"以维持他有趣的关系，以保持不承诺的状态"。

换句话说，这个设计棉花糖实验的人，也是希望我们吃一些棉花糖的。

章节练习

从延迟满足中删除延迟

这是一个让我们更清楚地认识到延迟满足在我们生活中的作用的练习。

请完成以下练习：

找一个一整天的时间，运用延迟满足（不吃棉花糖）和即时满足（吃棉花糖）的二分法过滤你每一个两难的困境。对于任何非此即彼的决定，你都要停顿7秒（任何人都可以处理的短暂延迟），然后问自己：**为了未来更高的回报，我可以在这一刻延迟满足吗？又或者我可以图省事而选择即时满足吗？** 换句话说，**在这种情况下，我愿意付出代价，还是追求回报？**

如果你发现这个练习使你对延迟满足的回报和你应对挑战的能力更加警觉，或者至少比你无意识地屈服于即时满足的情况要多，那就试着尽可能地坚持下去。但这并不容易，因为这需要很多的自我监督，才能让你考虑清楚自己每天面对的各种诱惑。但就像坚持节食或健身一样，如果你能熬过头四天或头五天不放弃，你就提高了将延迟满足变成你的默认反应的概率，这是一个了不起的事。做到这一点，你就可以进行更高级的练习了。

现在，请完成这个练习： 我们所有人都在脑子里为我们的目标设立了优先顺序。有些目标的优先级高，而有些则低；有些很难实现，有些则很容易实现。根据我的经验，困难的目标往往是第一优先级的，容易的目标是次优先级的。传统智慧认为，我们最好把容易完成、次优先级的目标作为每一天的开始，因为以胜利开启我们新的一天会让我们感觉非常良好。同时正因为我们是人类，会自然地被容易实现的目标吸引，所以我们喜欢遵循传统的智慧，推迟我们处理第一优先级目标所带来的满足感。

但有一天，我们要不拘一格，先来完成第一优先级的目标。

就像任何违背常规的建议一样，完成这个一次性任务（只做一天）对我们大多数人来说都是一次巨大的挑战，因为我们的第一优先级目标往往也是难度最高的。例如，我试图回应每一封我收到的信函、请求、邀请、建议、积极的评论或消极的评论，无论是什么形式，我都会在收到后两天内回复。我不喜欢忽视那些花时间给我写信的人，他们应该得到答复。这不是特别紧急的事情，也很少会有严重的后果。但也不是说我就享受每隔一天花 3 小时给那些我素未谋面的人回复电子邮件。回复电子邮件远不如完成一本书的某个章节那么有挑战性，所以每当我觉得晚上也有必要继续工作而不是到此为止时，我就会去回复电子邮件，而不是原来我告诉自己的，去做第一优先级目标，比如写作两个小时。在我要做的事情的优先顺序中，回复电子邮件是很容易的，是次要的；写作则是重头戏，有着非常高的优先级。我不能说我就由此体验或获得了任何延迟满足，因为回复电子邮件远没有完成下一章节的写作那样令人满足（没有成就感就不会有延迟满足）。那么，我到底为此付出了多大的代价？

如果写作真的像我宣称的那样是第一优先级目标，那我可以采用许多比我更有自控力的成功作家的策略。他们每天起来的第一件事就是进行写作，因为那个时候是他们的脑子得到充分休息及未被其他事务分散注意力的时候。无论他们的计划是在书桌前不受干扰地写上 5 小时，还是达到一个特定的字数，如果他们坚持执行计划，他们就会得到极度的满足感，以最大的成就开始新的一天。起床后他们做的第一件事就是他们为之奋斗的那件事，接下来的都是额外的工作。

　　但让人惊讶的是，如此好的策略，我们大多数人（包括我）却都没有采用。通过不断地重复同一个规律，即来到办公桌前的第一件事就是写作，这些作家已经把延迟满足抛在脑后。他们得到了棉花糖，而且还马上就吃了（一完工就吃了）。

第 14 章
信誉要靠两次赢得

赢得丰盈人生的目的是什么？

我非常欣赏彼得·德鲁克曾给过的一个答案，他说："我们生活的目的是要做出一些积极的改变，而不是为了证明我们有多么聪明，更不是为了证明我们有多正确。"

我们每个人对如何做出积极改变的定义不尽相同。有些人为了更宏大的使命甘愿自我牺牲，如医生救死扶伤、活动家纠正错误、慈善家重塑社会；也有些人则以谦逊的姿态服务于身边的人，如设身处地地安慰身处痛苦中的朋友、在儿童棒球联盟担任教练、做一对恋人的介绍人、成为孩子们需要的那种父母。在这两种极端的行为之间，还有其他各式各样平凡的善举。

当我要求成功人士描述他们从追求丰盈人生中获得的成就感时，到目前为止，排在第一的答案是"帮助他人"。我认为这一回答又一次证实了（如果还需要更多证实的话）彼得·德鲁克对人类敏锐但深刻的洞察所阐述的。当他说"我们的人生使命就是要做出积极的改变"时，他并不是在劝说我们做正确的事情，而是在描述已经存在的东西，我们对自己已经了解的东西。当我们全身心服务他人时，就是我们获得丰盈人生之时。[○]

要想了解什么是自己寻求的积极改变，先要接受和适应两个关乎个人的深刻品质：一个是信誉，另一个是共情。有了这两者，积极的改变才可能发生。在本章节中，我们将探讨的是信誉的重要性。

信誉是一种随着时间的推移，当人们信任你并相信你说的话时，你所赢得的声誉。

信誉的赢得需要经过两个步骤。第一步是在他人所看重的事情上建立自己的能力，并能够持之以恒地去做。这是你获得

○ 即使排在第二名的一些以"我"为中心的答案也带有创造积极变化的色调，如"养家糊口"和"把孩子培养成健康的、有贡献的公民"，它们甚至比"创业"或"赚到足够的钱在50岁退休"更有意义，如果你更深入地挖掘任何个人成就感的来源，我想你会发现做出积极的改变通常是其中的一部分。例如，我的客户哈里·克莱默（Harry Kraemer）于2005年（时年50岁）从芝加哥百特制药公司的CEO的位置上退休。他不需要也不想再去别的企业担任CEO。相反，他选择了西北大学凯洛格商学院并成为那里受欢迎的教授之一。他在那里对数以百计的学生发挥着他的影响力。在他看来，这和他之前在生产救命药品的百特制药公司时所做的那份有成就感的工作是一样的。

他人信任的方式，因为他们知道你会兑现也能够兑现你的承诺。第二步是获得他人对你特定能力的认可和赞同。你既需要信任也需要认可，如此才能切实地为自己赢得信誉。例如，如果你是一个每月都能超额完成任务的销售员，人们会因此注意到你。如果继续保持你无懈可击的连胜纪录一年到两年，你就会因此令人信服，并得到大家的赞赏，让大家认为你是个有信誉的人。持之以恒的能力创造信誉，信誉创造影响力，如此赢得的威信帮助我们说服人们去做正确的事情，这反过来又增加了我们产生积极改变的能力。

从能力到积极改变的途径相当直接：假设一个良善的人，能力与认可兼备，这会为他带来信誉，继而产生影响力，从而带来积极的改变。从我的英雄导师保罗·赫塞、弗朗西斯·赫塞尔本和彼得·德鲁克身上都可以见证这样的路径。他们年深日久的稳定成就使他们被熟知和被钦佩（即所谓的被认可），这种稳定成就远在我和他们认识并有亲密往来之前就已经取得了。他们显赫的超能力是对我产生深刻影响的源泉，我渴望与他们相关联也是情理之中，但那也只是初衷。他们令我的生活产生积极的改变非常大，以至于我很快意识到，我也想成为像他们那样的人，特别是我也能像他们那样赢得认可和信誉。我想不出有什么比帮助其他人——你的孩子、学生、同事、追随者、读者——实现他们也想拥有的丰盈人生更意义深远、令人欣慰的认可形式了。

在25年前我就致力于这一目标的实现。当时我已经知道信誉对于成功的高管教练的重要性，尤其是我还把我的客户群体缩小到企业的最高管理层的范围。处在这个塔尖层级的客户，需要了解的不仅是你的能力，还有他们心目中那些尊崇的人对你的认可。这也是我第一次意识到，信誉必须通过两次努力才能赢得：首先是我的专业能力要达到一个较高的水平；其次是人们对我不断增长的能力开始关注，并给予认可，由此我获得了信誉。

许多年后的 2020 年，在一次 LPR 电话会议上，博学的物理学家、企业家和《相变：组织如何推动改变世界的奇思狂想》（Loonshots）的作者萨菲·巴赫尔，以他的亲身例子，完美地诠释了我所提出的如何赢得信誉的挑战。在每周的 LPR 电话会议上，萨菲对如何准确评价自己为实现幸福所做的努力感到困惑，直到他意识到为什么衡量幸福感会让他如此困惑，原来他把成就与幸福关联在一起了，也就是说，实现某个目标就应该让他有幸福感。同时，幸福感也会反作用于他实现目标的能力提升。但事实是，它们是拥有美好生活和产生积极改变道路上的两个独立变量。它们可能是相关的，但不一定非得如此。赢得幸福本身就是一种追求，与赢得任何成就无关。我们的经验告诉我们，快乐并不能带来成就，反之亦然，成就并不总是带来幸福。毕竟，许多获得非凡成就的人都很悲惨或郁闷。

就像成就和幸福是独立的两个变量一样，能力的拥有并不能自动担保我因此就得到认可。非凡的能力和得到认可是两个独立的变量，我必须让他人看到两者之间的关系。作为教练，为了获得更大的信誉，我必须让人们熟知我，这种认可并不是我自己能赋予自己的。我必须走出"只把工作做好"的舒适区，在我对"只把工作做好"的定义中增加新的任务，即变得更加知名。我不能再依赖"不言自明"来工作。在50年前，在那个简单的时代，这种傲慢或许是有效的。但在今天这样一个注意力经济的时代，想要获取关注，还坚持旧有的策略绝对不是明智之举。把工作做好，只是宣称胜利的一半。你不仅要讲一个好故事，让故事本身自己说话，你还必须推销你讲故事的能力。但自我推销往往伴随着尴尬，无论你是为了工作中的某个成就寻求关注，还是为了新创的企业受到关注，在这个快速变化的环境中，你需要为成功付出新的额外代价。如果你能理性地接受自我营销的尴尬职责是为了实现积极改变的愿望，你的尴尬会因此小多了。现在，这已经成为我教练辅导工作的一个重要部分。但首先，我得在自己身上进行实验。于是，我用了4个问题，和自己进行了一场苏格拉底式的对话：

1. 如果我高管教练的身份得到更广泛的认可，我能否在世界范围内带来更多积极的改变？

2. 为赢得这样的认可而努力会不会让我感到不舒服？

3. 我的不自在是否抑制了我，从而限制了我做出积极改变的能力？

4. 哪一个对我来说更重要：一时的不舒服，还是做出积极的改变？

当我能够说服自己，任何令我不适的任务都是为了更大的利益的时候，我的不适感会顷刻变成我愿意付出的代价。

说到在寻求认可带给我们的不适方面，我不得不在此解释一二：从本书的开篇，我就一直在不遗余力地避免仅仅通过选择、风险和努力赢得回报。这一系列的行动诚然是赢得丰盈人生不可或缺的拼图。但首先，也是最重要的，我们的成功必须建立在一个高远的且无关结果的愿望之上。

但现在我必须承认我的一个严重的疏忽。我从来没有谈及这样一个事实，那就是不管我们的选择是否完美无瑕、我们的努力是否无懈可击，我们还是不可能一定得到我们想要的并为之奋斗的东西。我忽略了一种可能性，那就是世界对我们不总是公平的。如果总是公平的，我们就不会感到被忽视、被虐待，或者成为受害者。因为我们都是好人，又有高尚的意图，致力于产生积极的改变，我们就应该得到我们应得的东西。

用成年人的视角看待生活，我们就会明白，无论是人还是环境，并不总是尽如人意。如果你曾经做过很多好事但世界却对其视而不见，甚至还因此对你进行惩罚，你就知道这是事实。很多时候，这并非你的错，可能仅是时机不对。比如，你被另一位卓有成就的人抢了风头，或被淹没在另一个更大的渴望得到关注的声音之中。

但奇怪的是，我们在其他人身上清楚地看到的问题，发生在自己身上时，却很少能接受这一现实。如果一个朋友今天推出一个零售产品，我们就会默认她已经有了一个完整的营销计划——广告、高水平的社交媒体活动、能获得正面好评的免费样品、把产品摆放到付费的货架位置、以新闻稿、采访和简介的形式在免费社交平台上做的宣传等手段——来吸引人们对她的品牌的关注，所有这些都是为了追求认可和赞同，从而为她的品牌带来更多的信誉。对于一个零售产品来说，任何一个环节的缺失都是愚蠢的。

但是，我们并不会把这些自动转化在我们工作的地方或其他地方。我们觉得唤起他人的关注不得体且自恋，我们所做出的成绩就是自己最好的代言。我们用不着那样做，对于我所听到的所有理由，我想说：你不会指望在一场比赛中，上半场全力以赴，下半场敷衍了事，然后就期待取得胜利，对吗？那为什么，当你的努力付出、你的事业、你的丰盈人生成败未决时，你要这么做呢？

这也就是为什么我们不得不讲到信誉的重要性。因为它是让我们做出积极改变，并赢得积极人生的一个关键的个人属性。

除了彼得·德鲁克关于做出积极改变的洞见之外，他的其他五条规则也非常适用于信誉的赢得。起初它们可能会让你觉得不言而喻，甚至陈腐，但那些比我聪明且有着同样最初反应的人现如今也经常引用这些规则来反驳我。倘若你希望提高自己的信誉，就从谨记这些德鲁克的教义开始吧：

1. 世界上的每一个决定都是由拥有决定权的人做出的，对此你需心平气和。

2. 如果我们需要影响某人以使其产生积极的变化，那这个人就是我们的客户，我们自己就是推销员。

3. 我们的客户不需要购买，我们要去推销。

4. 当我们试图推销时，客户对价值的定义远比我们自己对价值的定义重要。

5. 我们应该把注意力集中在我们能够真正产生积极影响的地方。推销我们可以推销的东西，改变我们可以改变的事情。对我们无法推销或改变的东西，我们一概放弃。

这五条规则的每一条都将获得认可和赞赏视为一项交易练习。需注意的是反复出现的推销和客户的概念，其实是指，若想得到他人的认可和赞赏，我们必须销售自己的成就和能力。德鲁克的这些教义不但承认我们对认可的需求，还强调我们不能被动地等待，尤其是在我们的信誉受到挑战的时候。

但是，寻求认可的方式有正确的，也有错误的。其实从我们小的时候开始，当我们试图取悦父母时，我们的一生都在寻求那些能够影响我们未来的人的认可。然后到了学校，我们继续寻求老师的认可。当我们工作之后，当我们的老板和客户成为对我们的生计有影响力的决策者（见规则1）时，这种对认可的需求就更进一步加强了。可以说，我们的位置越高，我们就越善于证明自己。最终，它成为我们的第二天性，以至于很多时候我们并没有意识到自己正在这样做。但这个时候，也往往是我们做出损害而不是提升自己的信誉的开始。下面的矩阵（见图14-1）将帮助你明确什么时候是恰当地向他人证明自己的时候，什么时候是浪费时间或弊大于利的时候？

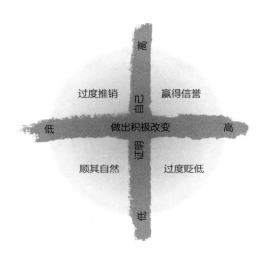

图 14 -1　信誉矩阵

纵轴测量的是第一个维度：我们努力证明自己的程度。横轴测量的是第二个维度：做出积极改变的程度。矩阵说明了两个维度之间的关系。我们可以问自己这样两个问题：①我是否努力在证明自己？②证明自己是否能帮助我做出积极的改变？矩阵的效用视不同情况而定，在某些情况下，我们都有可能给出或高或低的答案，但当两个维度的答案都一样高或低时，说明我们对信誉获取的方式是正确的。

让我们逐一分析四个象限中的每一个关键因素，以及它是如何决定我们的行为的。

赢得信誉：右上方是最有利的象限，是你积极主动寻求认可，并因此对自己和他人的生活产生积极改变的地方。积极地寻求一份你知道自己能比别人做得更好的工作就是一个很好的例子。几年前，我的一位教练客户听到传言说，他不在公司 CEO 位置的人选考虑中，这个位置将给一位他也认识的外部人士。我的客户很了解这个人，认为他徒有其表、假充内行。相比于自己的失望，客户更忧虑在这个骗子掌管下的公司的未来。

"已经宣布了吗？"我问道。

"没有。"

"你相信你自己是一个更好的选择吗？"

"是的。"

"那么这只是一个谣言，"我说，"这是你争取工作机会的最佳时刻。"

他写了一份长达 28 页，详细说明他对公司经营和发展计划的提案，发给了董事会主席（也提醒了他的上司），并请求就他的诉求召开一次会议。在会议上，董事长告诉他，他确实是因为被认为不具有带领公司所需的雄心壮志而被放弃的。但是，他递交提案的魄力，以及直接向董事会主席——有权选择下一任 CEO 的决策者——推销自己的勇气，扭转了董事会对他的成见，他如愿地得到了这份工作。

这是你最希望在的象限，当你的能力已毋庸置疑，带来的结果也会让所有人受益，并且可以带来全面的积极的改变时，你就要勇于进行自我推销。任何的保留都会带来遗憾。

顺其自然：这是一个"不值得推销自己"的象限。在这个象限的你，用尽全力证明自己也带不来积极的改变，并且你也不觉得需要得到认可。与一个与你的立场截然相反、听不进去你说的任何一句话的人争论政治就是这个象限常见的例子。与其和自己的"对手"硬碰硬，还不如问问自己："这值得吗？"答案一定是不值得，所以你要做的就是放弃证明。我发现我每天都有好几次处于这个象限中，当我被要求对一个我知识有限的话题发表意见时，这种情况就会发生。这个话题可能是任何事情，从企业战略，到宏观经济，再到烹饪。我已经尝过了这痛苦的滋味，我越是认真对待，那匮乏的专业知识所提供的建议越会造成更大的伤害，换不来任何好处，也自然不可能产生任何积极的改变。我现在的做法就是给予一个标准的回应——"我不是专家"——来结束话题，其实这也是尊重和保护所有人。

虽然这个象限里的两个维度都是负值，却是另一个比较好的象限。毕竟负负得正。既然你不愿试图证明自己，而且即使证明了也不会产生积极的改变，那么你唯一可以接受的反应就是顺其自然，其他都是浪费时间。

过度贬低：这是"我不用这样做"的象限。在这个象限的你，明明赢得了认可且可以提升自己的信誉，从而带来积极的改变，但你就是不愿意证明自己。有时你过度自负，认为自己的能力已不言自明，你已有的声誉就是你最好的自我宣传。所以，在你应该把自己最好的一面展现出来的时候，你却选择退缩。

有时你又不够自信。你会自我怀疑或觉得自己是个冒名顶替者（你认为你拥有的能力不值一提，你不值得被认可）。你没有表达出你应该有的自信。

过度推销：这个象限属于"音盲"区域，带来积极变化的可能性几乎为零，然而同时对认可的需求却爆表。你犯下了过度推销罪。你想赢得一场无人参加的比赛。

过度推销的根源也是太过自负或不够自信。当我们不够自信时，就会通过过度推销自己来弥补。这是当经验不够的人向董事会做报告时，我最常听到的董事会成员的反馈。他们经常要么说得太多，要么解释过度。同样，过度自负的人也是如此，他们说得太多，解释得太多，太想证明自己。不管是什么原因，过度推销很少能带来积极的变化或提升我们的信誉。

当你过度推销自己时，也就是在打破彼得·德鲁克的所有规则。你并不是在试图做出积极的改变，因为你推销的是你自己的价值，而不是客户的价值。更糟糕的是，你都不知道客户崇尚的价值是什么。而且更有甚者，你在向一个不是决策者的人推销自己，最终的结果一定是徒劳的。这比改善现状的失败还要糟糕，因为你不但没有留在原地，反而后退了一两步。

以前的我，特别是在没有对德鲁克的规则予以重视的那段时期，最容易跌落到这个象限里。20 世纪 90 年代初，是我表现异常恶劣的时期。当时我刚从国际红十字会的家庭救济项目回来，我的经历被当地报纸《拉霍亚之光》做了头版报道。令人尊敬的加利福尼亚大学圣迭戈分校政治学教授山姆·波普金（Sam Popkin）博士为我举办了一个聚会。他举杯向我致意，对我在人道主义方面做出的努力大加赞赏。尽管山姆教授已经证明我值得所有的赞誉，还是没能阻止我在派对上向着周围的人过度介绍我在非洲的事迹。我忘乎所以了，表现得像一个过分热情的"推销员"，尽管没有证据表明我的听众就是"顾客"。当人群散去，有一位老先生留了下来。最终，我深吸了一口气对他说："对不起，我还不知道你的名字。"

他伸出手来和我握手，说："我是乔纳斯·索尔克（Jonas Salk）。很高兴见到你。"

面对这位脊髓灰质疫苗的发明者，我没有必要再问："你是做什么的？" 他的名字就是他的信誉，他的信誉就是他的名字。

矩阵中的四个象限分别告诉你什么时候应该尝试寻求认可——推销自己，以及什么时候不应该这样做。德鲁克的每一个观点也都在矩阵的某个地方得到了诠释。"过度推销"费时费力，仅仅是为了证明自己的聪明或正确，而并非为了改变。改变你能改变的，放下你不能改变的，就是"顺其自然"。太过看重自己的需求，而不是客户的需求，就是"过度推销"。在最理想的情况下，你会看到德鲁克的所有规则都能在"赢得信誉"象限里找到。你不仅在努力做出积极的改变，同时还坦然地接受自己作为推销员的角色，因为你把客户的需求看得比自己的需求更重。你也接受客户有权利做出决定的事实，如果决定不符合你的意愿，你也不会质疑。你不会试图改变你无法改变的事情。

信誉矩阵所解决的是我多年来一直关注的问题：有能力是一回事，能力被认可是另一回事。只获得其中一个是不够的，你必须二者兼得，通过两次努力赢得信誉。意识不到这一点，你做出积极改变的能力会被削弱，你生命的影响力也会随之降低。

章节练习

你的大揭秘是什么

也许这正巧发生在你的身上。你正在参加一个家族婚礼，宾客人数是你直系亲属的一倍到两倍。你与其中的一些客人打过交道，但你对婚礼上的大多数人是不熟悉的。在宴会上，你看着被哄骗到舞池里的平时不善言辞的表弟埃德，竟然跳着介于弗雷德·阿斯泰尔和贾斯汀·汀布莱克那样的舞姿，你才惊讶于埃德原来是这么厉害的一个舞者。他这辈子把这种天赋都藏在哪里了？

这种情况在敬酒时再次发生。艾丽卡，这位你从小就认识的总是一脸严肃的正在攻读化学博士学位的伴娘，站起来向新郎和新娘敬酒。她一气呵成地讲了十分钟，风趣幽默又真挚感人，令现场的人赞叹不已。她的讲话成功地将婚礼推向了高潮。在为艾丽卡鼓掌的同时，你转向你这桌的人，那些和你想着同样一件事的人：天知道艾丽卡这么有趣？

　　这既惊喜又刺激的一幕，也是我们在由玛丽莎·托梅（Marisa Tomei）在《我的表哥维尼》（*My Cousin Vinny*）中扮演的那个鬼鬼祟祟、精明能干的莫妮卡·维托（Monica Vito）的角色看到的：原来她很懂汽车，那就是她的大揭秘。我们从前不怎么注意的角色，其实拥有令人万万想不到的能力。这个意想不到的结局也使我们愿意反复看这部电影，因为我们很高兴看到这个角色的卓越表现，也许还因为他们的特殊品质最终为人所知。我猜想我们很多人都有这种感觉：我们渴望自己的特殊才能被人所知。

　　但首先我们得先找出我们身上有哪些是鲜为人知的特殊技能和优秀品质。

请完成以下练习：

　　你的哪些方面在最终被公开时，会让人们感到惊讶，并由此发问："谁知道呢？"也许是你的世界一流的艺术和工艺陶瓷的收藏，或者是你每周日在施粥处做志愿者，或者是你的诗歌已在权威期刊上发表，或者是你懂得如何编写代码，或者是你在全国大师级游泳锦标赛中赢得了你所在年龄组的冠军。也许你就像埃德和艾丽卡一样，舞技出众或能像专业单口相声演员那样发表祝酒词，你只是需要一场婚礼来揭开你的神秘面纱。

　　我所定义的神秘面纱，就是一旦被揭穿，你的隐藏品质会让那些自以为很了解你的人大吃一惊，让他们推断你深藏的激情、承诺和智慧，所得的关于你的结论比他们想象的要强很多，从而大大提升你在他们眼中的信誉。这是最为理想的结果：你正在赢得信誉。

现在请把这个练习扩展到你的工作场所。你的大揭秘是什么？你的隐藏品质可以提升你在同事和老板心目中的信誉吗？如果每个人都知道了你的才华，你的生活会有什么积极的变化？你为什么又要隐藏它？

第 15 章
单一共情

共情，是我们第二个重要的个人品质，它促成了我们建立积极影响的能力。

共情是一种体验他人感受或想法的行为，是一位德国哲学家在 1873 年创造的词。它的词根来自德语的 Einfühlung，意思是"感觉到的"——我们直到今天也还是这样认为：我们能深入地感受他人的情绪和处境。

赢得丰盈人生所需的重要的品质之一就是建立积极的关系（这也是"我尽了最大努力维系关系吗"在 LPR 问题清单上的原因）。我想我们都会认可，共情是建立人际关系最重要的变量。像其他重要的事情一样，它是一个我们必须掌握的行为准则。信誉帮助我们提升对他人的影响力，共情帮助我们建立积极的关系，但两者的目的都是一样的，即做出积极的改变。

我们倾向于共情是一件正面的事。对他人的痛苦保持警觉并表示关心有什么错呢？但共情不只是感受到另一个人的痛苦，它的复杂性远胜于此。共情是一种适应度极高的人类反应，随着情况的变化而变化——有时在我们的大脑，有时直接从我们的心里表达出来，有时让我们心力交瘁、束手无策，有时又让我们冲动地去做一些事情来表达对对方的感同身受。总之，我们的共情会随着情况的变化而变化。

我最喜欢的是理解共情，因为它对教练来说最有帮助。我们据此理解人们为什么这样想，他们是如何思考的，以及感受他们做事的方式。我听说它也被称为认知共情，表明我们有能力与另一个人一样占据他同样的大脑空间。我们理解对方的动机，可以预测他们对一个决定的反应。正是有了认知共情，夫妇之间和长期合作伙伴能够在对方一张嘴的时候就知道他/她想说什么。这也是那些伟大的销售员赖以满足客户需求的秘密技能，也是他们吹嘘"我了解我的客户"的真正原因。它还是一种通过市场研究和产品测试获得的敏锐的理解。精明的广告商们用它来制造让我们想要购买的信息——以我们不觉察的方式。但这种类型的操纵，如果做得太过火，就会唤起理解共情的黑暗面，这就是为什么阴险的政治人物在了解公民的偏见和不满后能够动摇人们的意志，制造社会政治动荡和革命。这其实也是在提醒我们，人类在几个世纪以来一直低估了共情的力量和它所呈现的各种形态。

同时，我们还能通过"感受"而共情。我们在自己体内可以复制另一个人的感觉，通常是为了向那个人传达"我能感受到你的痛苦"或"我为你感到高兴"的某种心态变化，它是我们内心的一种强大力量。脑科学家针对人们对情感事件反应的研究表明，美国狂热的体育迷在看到他们的球队触地得分时的强烈喜悦，不亚于真正触地得分的球员，这就是为什么我们在看电影的时候会随着角色或哭或笑，即使明知道这些角色只是在演戏。当屏幕上的人物兴奋或害怕时，我们也会兴奋或害怕。这就是为什么我们能被医生所谓的临床态度所安慰；通过医生对我们感受的复制，我们了解到我们并非独自承受恐惧或痛苦。身为父母的人可能最能强烈地感受到这种形式的共情，虽然这并不能总是收获积极的成效。我曾经问我的邻居吉姆——一位五个孩子的父亲，为什么我每次看到他都显得那么沮丧。他说："作为一个父亲，我只能像我最不快乐的孩子一样快乐。" 这也是感同身受所带来的风险。我们可以感受到的太多，以至于自己会迷失在另一个人的痛苦中，非但没有帮助到我们关心的对象，反而给自己和对方都造成了伤害。法国共情专家霍顿斯·勒让蒂尔（Hortense le Gentil）对此的建议是，通过一种意图良好的短暂策略来减少这种特殊的风险。她说："想尽办法体会对方的感受，但是不要久留，参与进来，然后就离开。"

当我们对对方关于某一事件的反应感到关切时，就会出现一种更微妙的共情心态。这种关心共情与感觉共情有一个最重要的不同点，就是：关心共情关注的是对方对事件的反应，而不是事件本身。例如，在你女儿的足球队比赛中，其他父亲可能会在球队进球时感到高兴，无论他的女儿或其他人是否是那

个进球的人（进球本身是一件高兴的事件）；而你可能在看到
进球后你女儿表现出的情绪后才感到高兴（不是进球本身，而
是你女儿对这一高兴事件的反应）。在关心共情下，你的快乐
与悲伤是和对方的快乐与悲伤相关的，而不是因为那个场景是
快乐的或悲伤的。家是最能体现关心共情的地方，比如我们刚
享受了一顿非常美妙的晚餐，但临睡前，我们的配偶由于对某
些事情感到不高兴，我们的快乐往往会立即被配偶的苦恼所淹
没。我们很自然地倾向于我们对配偶的痛苦感同身受，因为谁
都不希望有一个对自己的痛苦漠视的丈夫、妻子或伙伴。从事
面向客户业务的人特别善于这种关心共情，他们关注的是客户
在问题发生后的感受，而不是问题本身。通常，客户很欣赏这
种同理心的姿态。如果他们看到你足够关心他们来解决这个问
题，他们会原谅你几乎所有的错误。

最有效的共情姿态是以行动共情，即你超越理解、感觉和
关心，采取实际行动改变现状时的姿态。它是一个额外的步
骤，往往伴随着某种代价的付出，所以很少有人愿意真正付诸
行动。而且即使我们真的根据共情的感受采取行动，我们采取
的行动也可能是过度的，而非积极的。当我告诉我的客户琼，
一位富有的东海岸老牌公司的女主人为社区做了很多事情，但
为人低调，从不谈论自己的贡献，我是多么欣赏她，并视其为
行动共情的一个积极榜样时，她温和地提出了不同的看法。她
说："如果我不加以注意，我就会变成一个大包大揽的人。我关
心得过头了，也做得过头了。因此，我做的事情总是在试图帮

别人解决问题，而不是让他们从自己的错误中吸取教训并自行解决。我成为他们的拐杖，最终使他们更加依赖。"

上述这些类型的共情我们在很多情况下都经历过：当我们对社会弱势群体的担忧不堪重负时；当我们因为自己去过、做过，而对他人做出的选择感到震惊时；当我们利用对他人的理解更好地理解自己时；当我们模仿他人的身体缺陷时，如别人的抓耳挠腮或口吃；当我们完全理解一个人的情感挣扎，因为它也曾发生在自己身上时；等等。我们每天都有无数次感受共情的机会，无论好与坏。你是否经历过因仍专注在倾听同事的问题时的感同身受的情绪中，而回家之后忽略家人的存在？如果是，你就能体会到过度共情或无动于衷的危害。

这就是耶鲁大学哲学教授保罗·布卢姆（Paul Bloom）在其2019年出版的著作中所坚持的观点。这本书有一个挑衅的书名，叫《摆脱共情》（*Against Empathy*）。布卢姆写道："对于几乎所有的人类能力，你都能评估其利弊。"然后，他进一步指出了共情的许多缺点。例如，共情的偏见性：我们倾向于与那些"看起来和我们一样的人、有吸引力的人、不具威胁和熟悉的人"共情。但布卢姆继而强调道，他并不反对同情心、关心、善良、爱和道德，如果这就是共情的全部定义，他完全接受。当共情没有理性和严谨思考的支持时，当它反映了我们的短视和受到感情胁迫的反应时，布卢姆反对共情。

我倾向于布卢姆教授的观点。如果共情是"穿着别人的鞋子走1英里（1英里＝1.609千米）"的能力，那我们就有理由问："为什么 1 英里之后就停止？为什么不是走 2 英里？为什么不是永远？"这就是我对共情不满的地方。对于一个沐浴在如此耀眼良善光环中的个人品质，共情自有办法让我们觉得自己不够好：当我们无法对别人的痛苦产生共鸣时，我们会有内疚感；当我们从共情的具象上抽离出来时，就会觉得自己像个骗子。因为离开了它们，我们就不再与他人有同样的感受，就好像我们只是在做共情的游戏，表现出的共情其实不是真实的。共情对我们的要求实在是太高了，什么时候我们能从共情的负担中解脱出来呢？

但我不想让这种批评掩盖我将共情视为赢得丰盈人生必要的特质之一，更不仅仅是因为它使我们有同情心、有道德、有爱心。这些都是值得称道的冲动。

就我本书的目的而言，共情能够加强我们在第 1 章讲到的范式（每一次呼吸都是全新的自己），提醒我们，我们可以无限地更新自己。共情最大的作用就是非常有效地提醒我们活在当下。

几年前，我遇到过一位为知名政治人物起草演讲稿的写手，他同时也以自己的名字出版小说和非小说类的书籍。但当他为这位政治家撰写文字时，他说他假设自己是"职业共情者"。我对"职业"的描述印象深刻。当他接到一个具体任务时，他与"写手"这个角色的一个独立技能的共情，完全占据了他的思想和情感。在这项具体任务完成后，他也很容易就从这个角色中抽离出来。他完全利用了共情优势的一面，全力以赴地完成角色赋予的工作，然后继续自己的生活。他非常钦佩这位政治家，赞同他提出的政策与对历史的见解，这些都是他能把工作做好的先决条件。他还能将另一个人的写作描述成为"最慷慨的行为"。他把自己想象成客户，以他的声音和说话的方式来写作。他说："当我在工作的时候，我的每一个想法和每一句有建设性的言语都归于客户，我不会借用任何一个巧妙的措辞用在自己的写作中，它们只属于演讲者。" 在写完草稿后，通常政治家会进行修改并发表演讲。他说："我完全忘记了自己写过什么，就像我是被催眠状态下完成的，清醒之后，我可以继续我自己的生活。"

写手描述的是一种最有助于赢得丰盈人生的共情形式。在他被关在客户的大脑里并待在那里执行任务时，写手表现的是理解的共情和感受的共情。之后，他会告别任何的共情感受，不允许它们蔓延到自己生活中的下一个篇章。那些感受只属于旧的他，新的他已经有新的事情需要奋斗。总而言之，他已经达到了一种罕见的、我们所有人都希望能经常达到的状态，即活在当下。

演员兼歌手梁厚泰（Telly Leung）完美地描述了将共情和当下分开的心理过程。他曾连续两年担任百老汇音乐剧《阿拉丁》的主演。谈到他是如何在两年时间里每周八次在一个对体力要求很高的作品中扮演主角而时刻保持激情和动力的，他把自己的共情分解成两个部分：

其一，是他对观看他表演的观众的情绪共情。梁厚泰说：

"我第一次看到这部戏时还是个八岁的小男孩，剧中的音乐、歌声、舞蹈及欢乐深深地打动了我。我就是带着对那段经历的记忆参加每场演出的。当我站在百老汇的舞台上时，我的脑海里就出现了那个小时候的我，感受的是当晚观众席中的某位八岁男孩或女孩的情感。我希望那个孩子也能感受到我的感受。每晚，我都告诉自己：'这是为你而演！'"

其二，是被梁厚泰称之为的"真实共情"，是当他和同事们一起演出时，对他们的尊重。这是一种专业精神的表现，令他保持专注并时时刻刻"进入角色"。一个演员要想在舞台上做到最好，不能在精神上或情感上有一秒的走神。

梁厚泰告诉我："在扮演阿拉丁的两个小时里，我必须展示出许多极其不同的情绪反应，表现出快乐、悲伤、恋爱、被拒绝、严肃、轻松、愤怒和有趣。在情感上我必须与其他演员共鸣，在舞台上的每一秒钟与之共情。每一个晚上我都必须爱上茉莉公主，而我真的能做到如此。当幕布落下时，我可以立即忘掉那个感觉直到下一场演出。之后我回到家里，继续我的生活。"

我无法给出比梁厚泰更好的定义了。他说："真正的共情，就是尽力成为你需要成为的人，为当下和你在一起的人服务。"

无论使用的术语是什么，这种共情是"专业的"还是"真实的"，写手和演员对我们提出的要求是共通的：我们是否能够让共情在能产生积极影响的时候出现，或者说，在正确的时间点出现?

我更愿意使用"单一共情"这个词,不仅仅是因为它把我们的注意力集中在一个人或一种情境下,还因为这可以提醒我们,每一个展现我们共情能力的机会都是一个独一无二的际遇。单一共情在这一刻是独特的,随着每个情境的变化而变化。有时候它诠释的是理解的共情,有时候是感觉、关心或行动的共情。单一共情唯一不变的是需要我们如此全神贯注于某个时刻,也因而对所有的参与者来说它都是唯一的。如果你能做到单一共情,你就不可能不真诚,不可能对之前其他时刻出现在你生命中的其他人不恭敬,不管是不久之前,还是很久以前。因为你正在向唯一能够体会共情的人表达共情:那就是此刻跟你在一起的人。

如果在我的余生中只能随身携带一张卡片,以便我在一天中的任何时候看上一眼,以提醒自己要保有什么样的行为模式才能赢得丰盈人生,那卡片上的信息一定写的是[⊖]:

现在的我是我想成为的人吗?

在一次肯定的回答后,你会发现你已经赢得了那一刻。如果习惯地、持续地这样做,你就会创造出一个又一个胜利的时刻,最终赢得你的丰盈人生。

⊖ 这个想法要归功于我的朋友和教练 100 社区的成员,卡罗尔·考夫曼。谢谢你,卡罗尔。

尾声
胜利之后

　　如果你是我朋友利奥家的周末客人，你一定会大快朵颐。他会事先问你喜欢喝什么，不喜欢吃什么，就像在一家高级餐厅，他是分发菜单的管家，询问顾客们的喜好和食物过敏的情况。

　　利奥是在 30 岁出头的时候学会做饭的，当时他离开了劳动力市场，选择留在家里照顾三个女儿。而他的妻子罗宾则回到工作岗位，成为一名会计。在做了五年的家庭主男后，利奥加入了他的一位前同事正在创办的私募股权公司，并担任公司的首席运营官长达 30 年。他努力工作，成绩斐然，但他从不曾放弃过作为家庭厨师的角色。利奥从不炫耀他的烹饪技术，我也从未听他描述过自己是个"美食家"，只有来过利奥家吃饭的朋友和他的家人才知道烹饪是他的大秘密。

　　利奥的朋友们现在都认为他在炉子前的卓越表现是理所当然的。尽管我怀疑利奥是否意识到这一点。但如果你很幸运地去拜访利奥和罗宾几天，你就会看到他为了让每一个人吃得好，默默在背后付出着努力。利奥不是一个天生的厨师，但他可以像《料理铁厨》的参赛者一样，用大杂烩的方式做出一桌美味佳肴。他会广罗各种食谱，知道什么会用得上。他总是遵循一个原则：不允许有任何自由的创意。食谱被利奥精心保存在一个三孔文件夹中，每次做饭前会先行查阅。他会把一周的晚餐都计划好，并尽可能利用业余时间买好食材、买齐配料，以及做好其他准备。经过这么多年在炉火前的练习，利奥的厨艺一天天在进步，每一餐看上去都比上一次更好。

利奥的神奇之处在于，除了不在家或在外面吃饭，他每天都照着这个流程执行，不管是为罗宾和他自己做一顿快餐，还是准备全家人的感恩节大餐。

烹饪并不是利奥有意识的一项追求，只是他有空时一直想做的一项已勾选的愿望清单而已。做饭是在利奥没有工作的时候养成的习惯，回到工作岗位后也没有停下，在忙于管理一个40人的团队和一个国际投资组合时也没有停止。

厨师利奥是赢得平凡且华丽的丰盈人生的代表。

当利奥在早上醒来时，他就是一个厨师，能做出精美的佳肴，供客人享用。人们因此感受到美食的快乐，甚至是兴奋。看到客人们将食物一扫而光和他们的一个个微笑的面孔，利奥感到惬意和满足。当第二天早上醒来时，他还是一个厨师，又开始周而复始。

也许有那么一个时刻，当宾客散去后利奥与罗宾会一起谈论这顿饭。"一切很顺利。"他们可能会同意。但这也就是利奥在取得胜利后还愿意继续下去的原因，他接受这种满足感是短暂的，他也知道他有机会在下一次的烹饪中再次获得这种满足感。

在这一点上，利奥和我们任何对职业、个人或业余生活有所追求的人都没有什么不同。我们对使命和目标所倾注的热情，令我们每天都渴望回到它的身边。它可能是每天希望治愈和减轻 30 个病人痛苦的医生，然后，第二天再接着为另外 30 个病人看病；或者是每天早上 4:30 起来挤奶的奶农（牛群是没有休息日的）；或者是每天为邻居提供新鲜面包的手工面包师傅；或者是一位空巢的母亲，虽然子女们都已自立，但她意识到她永远不会停止做一个母亲，因为孩子永远在她心中。这里没有胜利后的庆祝，有的只是身为医生、奶农、面包师傅或母亲的荣幸和成就感，有的只是在每一天都竭尽全力扮演好自己的角色。

我们都应该如此幸运。

在本书介绍的各种劝勉和练习中，我想强调 5 个反复出现的主题——我有时明确地诠释它们，但更多时候是以暗喻的形式——它们就像赢得丰盈人生的想法的守护天使，在每一页纸上盘旋，让每一个主题都在我们的掌控之中（生活中可没那么多事情是我们可控制的）。

第一是**目的**。如果我们做任何事情都表达着明确的目的，那么所做的任何事情都会更加高尚、更加令人兴奋，并且与我们想要成为的人更加相关。（"表达"的不同会带来巨大的区别。）

第二是**陪伴**。这是一个不可能完成的请求——陪伴在你生活中的人身旁，而不是迷失在忙碌的行动中。虽然我们永远也无法抵达随叫随到的最高境界，但这应该是我们永不放弃的高峰。

第三是**组织**。在某个特定组织的帮助下完成一件事，会产生更多的共鸣且影响更多的人。众人的贡献一定比一个人的贡献大。你更愿意当一个独唱者，还是和身后的合唱团一起吟唱？

第四是**无常**。从一个更大的角度上说，我们在地球上只是停留一瞬间。"从出生到生病，再到死去"，佛陀提醒我们没有什么是永恒的，无论是幸福、时间，还是其他任何事情，一切都是无常的。对此的洞察并非让我们沮丧，它旨在激励我们活在当下，并找到当下每一刻的目的。

第五是**结果**。这个消极的主题揭示的却是积极的概念。我此行的目的，并不是为了帮助你更好地实现一个结果，而是帮助你尽力去实现一个目标。如果你已倾尽全力，无论结果如何，你都没有失败。

最后，赢得丰盈人生并不包括参加颁奖仪式或允许你无限地绕场致意，赢得丰盈人生的回报是持续投入在赢得这样的人生的过程中。

致 谢

    我要感谢教练100社区的成员，他们帮助我了解了什么是丰盈人生：Adrian Gostick，Aicha Evans，Alaina Love，Alan Mulally，Alex Osterwalder，Alex Pascal，Alisa Cohn，Andrew Nowak，Antonio Nieto-Rodriguez，Art Kleiner，Asha Keddy，Asheesh Advani，Atchara Juicharern，Ayse Birsel，Ben Maxwell，Ben Soemartopo，Bernie Banks，Betsy Wills，Bev Wright，Beverly Kaye，Bill Carrier，Bob Nelson，Bonita Thompson，Brian Underhill，Carol Kauffman，Caroline Santiago，CB Bowman，Charity Lumpa，Charlene Li，Chester Elton，Chintu Patel，Chirag Patel，Chris Cappy，Chris Coffey，Claire Diaz-Ortiz，Clark Callahan，Connie Dieken，Curtis Martin，Darcy Verhun，Dave Chang，David Allen，David Burkus，David Cohen，David Gallimore，David Kornberg，David Lichtenstein，David Peterson，Deanna Mulligan，Deanne Kissinger，Deborah Borg，Deepa Prahalad，Diane Ryan，Donna Orender，Donnie Dhillon，Dontá Wilson，Dorie Clark，Doug Winnie，Eddie Turner，Edy Greenblatt，Elliott Masie，Eric Schurenberg，Erica Dhawan，Erin Meyer，Eugene Frazier，Evelyn Rodstein，Fabrizio Parini，Feyzi Fatehi，Fiona MacAulay，Frances Hesselbein，Frank Wagner，Fred Lynch，Gabriela Teasdale，Gail Miller，Garry Ridge，Gifford Pinchot，Greg Jones，Harry Kraemer，Heath Dieckert，Herminia Ibarra，Himanshu Saxena，Hortense le Gentil，Howard Morgan，Howard Prager，Hubert Joly，Jacquelyn Lane，Jan Carlson，Jasmin

Thomson, Jeff Pfeffer, Jeff Slovin, Jennifer McCollum, Jennifer Paylor, Jim Citrin, Jim Downing, Jim Kim, Johannes Flecker, John Baldoni, John Dickerson, John Noseworthy, Juan Martin, Julie Carrier, Kate Clark, Kathleen Wilson-Thompson, Ken Blanchard, Kristen Koch Patel, Laine Cohen, Libba Pinchot, Linda Sharkey, Liz Smith, Liz Wiseman, Lou Carter, Lucrecia Iruela, Luke Joerger, Macarena Ybarra, Magdalena Mook, Maggie Hulce, Mahesh Thakur, Margo Georgiadis, Marguerite Mariscal, Marilyn Gist, Mark Goulston, Mark Tercek, Mark Thompson, Martin Lindstrom, Melissa Smith, Michael Canic, Michael Humphreys, Michael Bungay Stanier, Michel Kripalani, Michelle Johnston, Michelle Seitz, Mike Kaufmann, Mike Sursock, Mitali Chopra, Mojdeh Pourmahram, Molly Tschang, Morag Barrett, Naing Win Aung, Nankonde Kasonde-van den Broek, Nicole Heimann, Oleg Konovalov, Omran Matar, Pamay Bassey, Patricia Gorton, Patrick Frias, Pau Gasol, Paul Argenti, Pawel Motyl, Payal Sahni Becher, Peter Bregman, Peter Chee, Phil Quist, Philippe Grall, Pooneh Mohajer, Prakash Raman, Pranay Agrawal, Praveen Kopalle, Price Pritchett, Rafael Pastor, Raj Shah, Rita McGrath, Rita Nathwani, Rob Nail, Ruth Gotian, Safi Bahcall, Sally Helgesen, Sandy Ogg, Sanyin Siang, Sarah Hirshland, Sarah McArthur, Scott Eblin, Scott Osman, Sergey Sirotenko, Sharon Melnick, Soon Loo, Srikanth Velamakanni, Srikumar Rao, Stefanie Johnson, Steve Berglas, Steve Rodgers, Subir Chowdhury, Taavo Godtfredsen, Taeko Inoue, Tasha Eurich, Telisa Yancy, Telly Leung, Teresa Ressel, Terri Kallsen, Terry Jackson, Theresa Park, Tom Kolditz, Tony Marx, Tushar Patel, Wendy Greeson, Whitney Johnson, and Zaza Pachulia.